冥想者日记

A
Meditator's
Diary

[英]简·汉密尔顿-梅里特/著
鹿海东/译

图书在版编目（CIP）数据

冥想者日记 /（美）汉密尔顿-梅里特著；廉海东译. —北京：华夏出版社，2013.6
书名原文：A meditator's diary
ISBN 978-7-5080-7593-8

Ⅰ.①冥… Ⅱ.①汉…②廉… Ⅲ.①情绪—自我控制—通俗读物 Ⅳ.①B842.6-49

中国版本图书馆CIP数据核字(2013)第096889号

Copyright © 1976 by Jane Hamilton-Merritt
Copyright licensed by Souvenir Press
arranged with Andrew Nurnberg Associates International Limited
All rights reserved.

版权所有，翻印必究
北京市版权局著作权登记号：国作登字–2013–A–00081839

冥想者日记

作　者	[美]简·汉密尔顿-梅里特 著
译　者	廉海东
责任编辑	张　瑾

出版发行	华夏出版社
经　销	新华书店
印　刷	北京建筑工业印刷厂南厂
装　订	三河市李旗庄少明印装厂
版　次	2013年6月北京第1版　2013年6月北京第1次印刷
开　本	880×1230　1/32开
印　张	6
字　数	101千字
定　价	29.00元

华夏出版社 网址：www.hxph.com.cn 地址：北京市东直门外香河园北里4号 邮编：100028
若发现本版图书有印装质量问题，请与我社营销中心联系调换。 电话：（010）64663331（转）

推　荐　　冥想，而后熄灭妄念 / 001

前　言　　奇妙的缘起：一个西方女子的禅心之旅 / 006

第 1 章　王宫寺初见方丈 / 001

　　　　止观是佛教的重要思想。

第 2 章　杂念来袭，如何感知平静 / 019

　　　　冥想并不是任何人的发明，也不是任何人的创造，它是人类童年时期就具有的经验，只不过它在每一种文化和人类文明的每一个时期都被挖掘出来了。

第 3 章　生活就是一场战斗 / 041

　　　　每一个人今生的生活都是他们自己前生所造作的业力的结果。

第 4 章　消灭了嗔恨，就能得到愉悦 / 077

　　　　人们对世界的欲望导致他们生活在痛苦与迷幻之中。

第 5 章　抵达清迈，了然生命的不断轮回 / 085

　　　　西方人恐惧死亡，他们尽力避免死亡，在死亡来临的时候他们会感到非常不安，但是东方人对死亡的态度则平和得多。

目录

第 6 章　蒙曼寺，一段不一样的内观之行 / 099

任何人如果有机会修行内观，哪怕仅仅几天，都会给这个人的生命质量带来极大的提升。

第 7 章　要耐心，冥想就必须耐心 / 109

人们之所以尊重、崇拜佛陀，就是因为佛陀给我们指出了达到涅槃境界的方法，这是世界上任何其他导师都不可能教给我们的。

第 8 章　这是一个苦乐参半的时刻 / 127

西方人靠书本生活，而泰国人靠经验生活。

第 9 章　一个人应该活在当下，活得超脱 / 147

人们和自己身外的世界进行战斗，却从来没有意识到，真正的生活要在一个人的内心中寻找。

第 10 章　归来，冥想的正能量 / 159

跟着书本学习会将人变成一个机器，学习禅修最好的方法就是找一个安静的地方自己练习。

推 荐
冥想，而后熄灭妄念

哈利森·索尔兹伯里

哈利森·索尔兹伯里（Harrison E. Salisbury），世界著名记者，做过驻莫斯科特派员，以《列宁格勒九百日》一书享誉全球，普利策奖得主，哈利森曾随尼克松访华，于1973年出版《到北京及更远处：对新亚洲的报道》（To Peking and Beyond: Report on The New Asia）。

幻想让我们充满欲望，冥想则教会我们熄灭妄想。

在当今的西方，人们普遍发现，我们视为真理一般的西方哲学、心理学、宗教其实并不能解决我们后工业化时代所遇到的种种复杂的问题，于是，一股新的思潮开始出现。

起初我们很自信，觉得西方的思维和逻辑很具有优势，可以解决我们人类遇到的任何问题，但是随着科技在

冥想者日记 A Meditator's Diary

解决人类根本需求方面的失败越来越多,我们的这种看法已经开始动摇。

如今,从克伦威尔的实证主义、18世纪罗马教廷的极端主义到19世纪的新教主义都已经烟消云散了。现今人们越来越感觉到自己所生活的现实世界与心目中的理想现实之间的鸿沟越来越大。毋庸置疑,随着西方的经验和理论在解决现实问题方面的失败,人们对东方宗教与哲学的兴趣日益增加。

当然,这并不是我们第一次对东方文明的探索,事实上,西方世界对东方文明的探寻由来已久,长久以来,人们对东方文化知识非常感兴趣,比如对印度文化的关注,对中国儒学的热情,西藏和蒙古的神秘主义也长久地吸引着西方世界的目光,但我们对日本文化以及其他东南亚的文化了解得并不是很多。

在第二次世界大战之后,佛教思想开始在西方世界流行,特别是佛教的核心概念"冥想"(皈依、发心、戒律、正见、止观是佛教的五大核心概念,冥想是止观的一种),已经以风靡之态呈现出来。而佛教的禅宗在二十世纪六十年代，随着突然兴起的嬉皮士运动，也成了很多人的关注点。

人们对冥想的兴趣一旦被激发出来，就以燎原之势风靡了整个西方，这种现象的产生无疑有许多原因，但其中最显著的一个或者说对我来讲最重要的一个缘由就是西方人文与科技之间的鸿沟日益变大。

毋庸置疑，我们正置身于技术社会，技术社会的典型特征是过度重视科学教育，无限制地激发人们的欲望，甚至还有反宗教的特征，仿佛技术能解决宇宙间所有的问题。从某种意义上讲，或者可以这样说，其实技术社会创立了一种迷恋物质主义、世俗主义和都市主义的宗教。

在当代的技术社会环境下，你会发现人们很难保持平静，生命似乎越来越没有意义，人们的生存状态既不轻松也不舒适，人们感到越来越孤单，很多人会反问自己："我是谁？"这无疑是一种个体危机的体现。很多人也会思考"我们要去哪里？"这样的疑问，在我看来是一种关注人类文明的思考，更有人会深度思索"为什么会发生这一切？"并直接拷问我们存在的意义。

冥想者日记　A Meditator's Diary

这些问题我们在纽约、巴黎、伦敦、莫斯科、罗马、洛杉矶等地球上的地方一再被听到，但是无人能回答，西方文明似乎已经不能回答这些问题以及回应这样的现实，这使许多人到古老的东方去寻找答案。

在今天这个时代，你会注意到心灵导师日益受到大众欢迎甚至成为了新的公众偶像，迪卡·卡维特把冥想带进了电视节目，结果出乎意料地异常火爆，美国国家广播电视网将禅宗引进了有线电视和广播网络，结果促成了禅宗的普遍流行，但是在电视和社会的鼓噪声背后，很少有人会注意到东方哲学的内涵，有谁能够真正领悟东方佛教中冥想的真谛呢？

可能这就是本书作者简·H.米尔顿想解决的核心问题。她有信心，有目标，也有信仰去学习，她所学习的不只是老师所教的佛教课程，也收获了很多个人的经验，她几乎是唯一一个到泰国北部寺院禅修过的人，她曾经谦卑地匍匐在心灵导师的脚下，也曾在恶劣的环境中度过了孤寂的日子，她用如此感性而精确的笔调描述出了她的感受与经验，以至于我们透过她的笔触可以像她本人一样捕获到冥想的感觉，或者和她一样体验到生命中那种悲悯万物的慈悲情绪。

我们知道冥想并不容易，她也很难被理解，尽管所有人都有可能从冥想中受益，但它并不适合所有人，它需要耐心和坚持，并不是你简单盘腿一坐将目光望向远方就可以的，它是有难度的，需要通过刻苦的学习与练习，但收获是巨大的，虽然这样的收获难以被描述甚至难以企及，但它总能带给冥想者智慧、自省和轻松，甚至让冥想者遇到一个全新的自我，以至于让冥想者在这样一个无常的世界中也能够产生生命深处的转变。

冥想是佛教的中心思想之一，它给生命带来的财富远比其他任何人类活动都丰富，它可能无法带来科技进步，但它能给予人类一些技术不能给予的东西，冥想可能是我们解决生命深层问题的最佳方式，它是唯一一种能让正处于后工业时代的世界变得和谐的方法。

简·H. 米尔顿的经验将使每一个人受益！

冥想者日记 A Meditator's Diary

前 言
奇妙的缘起：一个西方女子的禅心之旅

从我的出生地印第安纳州到东南亚的神圣佛教寺院，我的生命之旅跨越了半个地球。这个旅程是漫长而枯燥的，很多时候甚至还是痛苦的。正是在这条道路上，我在日本获得了研究生学位，在柬埔寨、缅甸、老挝和那里的人民生活在一起，在越南采访和报道关于越战的消息，最终在泰国的佛教寺院成为寺庙的一员，学习南传上座部佛教和冥想。

东南亚以南传上座部为主的佛教，主要传播于老挝、柬埔寨、泰国、缅甸、印度尼西亚，以及越南中南部的部分地区。据有关史料记载，公历纪元前后，上座部佛教已在东南亚流行。南传的上座部佛教和北传的小乘佛教在教义、学说上因有不同的发展而各具特色。其主张"心性本净，为客尘染"的思想，也符合南天竺一乘宗"含生同一真性，客尘障故"的初期禅宗的根本思想。近代研究发现，南传巴利语系佛教与大乘佛教具有深厚且错综复杂的关系。

产生这趟旅行的灵感由来已久,赛珍珠关于中国的作品特别是那部翻译成英文的《水浒传》让我从小就看得心潮澎湃,我相信终有一天我会亲历这片神奇的土地并与那里的人民成为朋友,可惜等我长大成人,美国人却被禁止到中国旅行。政治的高墙并不能磨灭我了解亚洲文化和亚洲人民的愿望,但我的确没有想到有一天我能有机会到泰国的寺院生活并在寺院的和尚座下学习佛教冥想。

当我学习到越来越多的东南亚文化,特别是缅甸、柬埔寨和泰国的文化时,我就越来越意识到佛教在这些国家人民灵魂深处的重要性,佛学思想是理解生活在这里的人民的一条捷径,从这条捷径你能了解他们的思维方式和思想。我对东南亚佛教,也就是人们常说的上座部佛教非常感兴趣,也能够亲身体验这种佛教文化,但这个过程也很艰难,我经常去寺院,经常和我的亚洲朋友出席各种宗教仪式,也经常和虔诚的佛教徒交流,但我从来没有变成他们中的一分子,因为对于他们而言我始终是个外国人。

在泰国,黄色、白色和藏红色的寺庙,往往都镶嵌着蓝色和绿色的玻璃,这样的寺院大约有两万四千座,

冥想者日记　A Meditator's Diary

一些由王室出资兴建的寺院非常宏大壮丽，但大多数寺院都非常简朴，无论奢华与否，他们的设计都非常优雅，泰国大约有四千万佛教信徒，这些信徒以虔诚的供养来支持这些寺院。每个村庄的寺院都是泰国人的社区中心，这些地方既是旅行者的下脚处，是学校，是本地人的节庆场所，还是孩子们的运动场、人们的精神家园，当然也是僧人们的家。

和天主教的神职人员不一样，一个僧人不一定要一生为僧，当一个人能够证明自己没有犯罪，没有负债也不是企图用出家来逃避世俗责任的时候，他就可以出家为僧，他也可以随时离开。正是因为这种离开和加入僧团的灵活性，使得人们很难确切统计"泰国僧人"——比丘的数量。估计泰国的寺庙里至少有15万比丘僧，9万多20岁以下的沙弥，另外还有12万以上的小孩子在寺庙里学习。

大多数泰国人都希望自己能够有成为僧人的经历，理论上讲，每个泰国人在21岁之前都应该出一次家，有一些人仅仅在寺庙里待几天，也有一些人会参加为期几个月的守夏节安居，也有很多人在寺院里为僧数年乃至终身，没有任何外界压力影响他们在寺院的停留或者离开，唯一具有决定性的是个人意志。

也不是所有人都能在年轻时成为僧人，有些人在孩子长大以及自己的家庭责任尽到之后才出家为僧，我曾经看到一个老年的泰国人，在剃度仪式上从他孙子的手中接过了饭钵和僧袍，从此成为一个专职学习佛陀教法的僧人。对于泰国人而言，生命的过程就是积功累德的过程，通过艰苦的修行来积功累德可以使一个人获得特殊的能力，可以确保他最终达到佛教徒的终极理想——涅槃，也就是斩断轮回。

既然南传佛教中比丘尼的法脉已经中断，对于女人而言，送自己的儿子出家，使他们加入僧团成为僧宝更是极其重要的事。

关于泰国人起源及历史的资料非常少，直到近些年，一些学者的研究才展示出这一地区的某些历史。不久前，考古学家在泰国北部的乌隆府挖出了一些陶罐，这个陶罐应该制造于公元前4500元，也就是大约六七千年前，学者们不能确定这些古老的陶罐是出于谁之手，但是这些陶罐上红色的图案使人们推断泰国文明具有悠久的历史，学者

冥想者日记 A Meditator's Diary

们继续在这一地区进行考古挖掘，历史学家们也试图进一步研究泰国的历史。根据现有的资料，很多泰国人包括掸族人、老挝人和泰族人起源于中国南部扬子江流域。后来，他们迁徙到了中国现今云南省的山地，在十三世纪，忽必烈横扫整个南部中国的时候，这些先民又越过高山与大河继续向南迁徙，终于抵达此地，几个世纪的时间里，泰国的先民们为逃离中国的战乱不断向南迁移，并在新的土地上生存下来。直到今年，还有一些人数很少的部族，特别是生活在山区的部族依然沿着泰国先民的迁徙路线进行迁徙，以寻求更好的生活。

这些迁徙到泰国的难民们带来了他们家乡关于祖先崇拜和万物有灵的信仰，万物有灵论者相信，自然界中的每个组成部分，诸如树木、岩石、河流、山脉等都有灵魂，他们都应该受到尊重和崇拜。在湄南河岸的新家园里，这些移民也接触到了很多印度文化与宗教信仰。这些移民是从他们以吴哥为首都的高棉人那里了解到印度文化与佛教的，而高棉人则是在征服孟族人的过程中接触到上座部佛教文化的。孟族人的祖先居住在缅甸南部，他们有自己独特的文化和语言，高棉人和孟族人的文明深受印度文化的影响，特别是印度教和佛教。孟族人拥有先进的文明，在大约11世纪时，其文明的繁盛程度在东南亚地区声名显赫。它的富裕最终引起邻国的觊觎，邻国一点一点啃蚀其边境，经过数百年的战乱，最终受缅甸入侵并被削弱殆尽。至18世纪，孟族人的土地最后淹没成为缅甸国土的一部分。

虽然泰国人的起源能够追溯到中国，但他们并不认为自己是中国人的后裔，他们早已离开了自己祖先的土地，泰国文化受印度文化的影响远远胜于受中国文化的影响。泰语吸收大量的巴利文和梵文词汇，泰语有44个辅音和24个原音，这种语言对西方来说非常难学。

西方人很难理解上座部佛教和大乘佛教的区别，上座部佛教比较接近佛教的原始形态，他们主要关注个体解脱及涅槃，在上座部佛教中，佛陀是导师而不是神，他们非常重视在寺院中的学习，而大乘佛教则引入了菩萨道的概念，他们更看重帮助更多人获得解脱。在西方，上座部佛教也被称为小乘佛教，而大乘佛教主要繁荣于西藏、中国内地、日本、韩国、越南和印度共和国锡金邦等地。

由于更接近于原始佛教，小乘佛教徒经常读诵巴利

冥想者日记　A Meditator's Diary

文经典而不是梵文经典，小乘佛教徒使用的诸如涅槃、达摩等词汇都是巴利文的拼写形态，巴利文据说是早期僧团曾经使用的一种语言，而大乘佛教徒所使用的相同的词汇则大多来自梵文。在泰国人看来，佛教思想和他们长期信仰的万物有灵论并不矛盾，他们并没有抛弃自己的传统思想，而是把佛教概念和他们从自己祖先那里继承来的思想加以融合，比如他们依然相信鬼神的存在，在泰国的每一处房屋里都有一个小神龛供奉土地神，土地神被认为是这片土地的庇护者，他们向土地神供养香花蜡烛。

二十世纪的科技已经改变了泰国的生活，特别是在曼谷，电影、广播、汽车和西服等已经流行起来。但是对于大多数泰国人来说，他们传统的信仰和文化并没有受到西方的影响，在柬埔寨人统治今天的泰国和老挝等地的时候，君权神授的观念被带入了这一地区，但这一观念被佛教概念所修正，佛教徒认为一个人能有高贵的出身是因为他前世的善业，因此人们认为国王能够获得尊贵的地位一定是因为前世积累了很多功德，所以国王不仅是尊贵的，而且成为人们今世行善的榜样与目标。人们相信，只要自己能够积累很多的善业，那么他来世就能过上更好的生活，受到更多的尊敬。

三年前，我发现只通过阅读佛学书籍来学习佛教非常困难，因此我决定到东南亚通过亲身体验来学习佛教。我清楚地知道，我对佛教的理解非常肤浅，我阅读了很多佛学著作，大多数书籍的作者是西方人，但是读得越多，我的疑问也就越多，因为就我的观察而言，注重亲身实践的佛教和注重概念的西方学术理论有本质的差异。

我发现要想更好地理解佛教，亲身实践冥想或许是一条途径，我有些美国朋友是心理冥想的参与者，但我认为冥想——通常所说的禅修——会比心理冥想更深入。我想，如果有机会能够亲身体验冥想禅修将会是非常有益的经验，这也能扩充我的文化视野。于是，我试图加入到佛教信徒团体的活动中。但我发现，几乎没有泰国的佛教寺庙愿意接收我这样一个外国女人成为他们中的一员。我持续努力了一年都没有结果。这些寺院的负责人经常会告诉我，我可以随时参观他们的寺院，但却不能在那里住下来，因为这些寺院没有供女性生活的设施。

在我几乎决定放弃努力，决定从此乖乖待在自己位于美国康纳迪克州的家里时，我获悉曼谷一家寺院愿意接受

冥想者日记　A Meditator's Diary

外国学生参加全日制的冥想禅修。我非常激动,觉得自己终于发现了一条能够与佛教僧众共同生活并学习禅修的道路,我决定立即去那家寺院申请成为学生。

当我即将开始这样一次神秘的精神旅程的时候,我才意识到我的佛教知识是如此匮乏,我对这片土地上的风俗、文化以及语言的了解是如此不足,我对于冥想禅修的理解也如此肤浅,以至于这些都让我的内心充满忐忑。

事实上,我所认识的修习过禅修并愿意与我谈论这个话题的人非常稀少,这些人中的确有一些有了成功的经验,但大部分人的经验并不成功。

我不知道在禅修中将会发生些什么,我获知的关于禅修的信息仅仅是:通过禅修,一个人能够获得内心的宁静,能够更好地理解自身,能够经历一段平和的时光。这些说法听起来当然不错,我也希望自己能够获得这些好的经验,但是我对具体的修习方法与修习经验却一无所知。不幸的是,或者也可能是最幸运的是,我从来没有读过一本禅修者介绍禅修经验的书。

另一方面，我也认为自己在像一张白纸一样不带任何思维定式的情况下进入禅修的学习过程，可能也是有益的。因为我既没有先入为主的成见，也没有基于他人经验而建立的不符合自己实际情况的目标。

我房间里关于禅修的书籍非常稀少，这些书籍描绘的世界在时空与组成方面和我们的世界有着明显的不同，一个人无论是用英语，还是其他语言都很难精确地描述这样一个世界。至少我认为，描绘这样一个世界可能是任何一个英语写作者都力所不能及的事。当我打包准备离家去泰国的时候，两年前与我结婚的丈夫和我探讨我在未来这段时间里将进入一个怎样的世界，但我们对此都没有经验。面对我的计划，我的丈夫和我一样激动，他对我即将进行的冒险非常支持。他的支持给了我更多信心，但我们的确都不知道我即将参加的禅修学习将给我们未来的生活带来怎样的改变。

我想强调的是，这本书将主要聚焦于冥想的理念与实践。它不同于流行于日本的禅宗，这本书也并不像其他在西方流行的宁静冥想及瑜伽著作一样聚焦于某种流行概念。

冥想者日记　A Meditator's Diary

冥想与禅修存在于佛教的很多宗派中，它是佛教的核心内容之一，但是在每种不同的文化中发展出来的禅修实践的侧重点则有所不同。

一般而言，在泰国存在着两种禅修方法，一种是三摩地冥想，也就是寂止禅。另一种是内观禅，这两种禅修方法都能够使一个人的内心得到更好的发展，能够使一个人的杂念变得更少、更加平静，能够更好地理解世界，更好地理解无常与痛苦。

人们，特别是很多男人，一直希望自己的思想能够得以扩展，探索未知的领域，这种思想在西方发展的极端形式就是西方人越来越喜欢使用致幻药剂以获取兴奋的感觉，但是滥用致幻剂的恶果是明显的，很多悲剧不断发生，禅修则可以使一个人不通过药物手段自然地扩展意识边界。在禅修中，一个人能够打破知识的边界，进入多维空间，发现自己以传统的思维无法领悟的世界。

佛教禅修的目的并不在于获得神通、预测未来，或者预知六合彩的号码。事实上，这些都是为佛教戒律所禁止的行为，禅修的目的在于让一个人能更好地认清世界的真相，也就是苦、无我、无常的真理，根据上座部佛教的思想，如果一个人能够很好地理解上述真理、概念，那么他就能够在身、语、意上消灭那些能够引发业力的因素。

在我开始禅修学习的日子里，我坐在位于泰国曼谷的王宫寺的树荫下开始思考佛陀和佛教历史，佛陀是一个印度王子，他的名字是乔达摩·悉达多，他在开悟之后，被人们称为佛，也就是知晓一切宇宙真相的圣者，他出生在今天尼泊尔的蓝毗尼，佛陀住世约80年。

据说，他在开悟之后花了40多年的时间向人们传授获得智慧与摆脱痛苦的方法。佛陀坚持众生平等，向印度各阶层的人们解释宇宙的真相。当他刚刚出家做沙门的时候，年轻的王子采用苦行的修法，但后来他发现身体上的苦行并不能带来彻底的解脱，享乐主义和苦行主义这两种极端的修行方式都不可取，因此他主张中道。他是在印度菩提迦叶的一棵菩提树下开悟的，他开悟后，向弟子们宣说了佛教中的基本原则——四圣谛。

"谛"的意思就是：如是不颠倒，即是真理。"圣谛"是圣人所知之绝对正确的真理。"四圣谛"说四种真理：一者，苦圣谛；二者，集圣谛；三者，灭圣谛；四者，道圣谛。"苦"是指世间的苦果；"集"是苦升起的原因——世间因；"灭"是苦熄灭的果——出世间的果；"道"是灭苦的方法，通往涅槃的道路——出世间的因。佛陀阐释四圣谛，其目的是要告诉我们世间的因果以及出世间的因果。

在我学习的最初几天里，我对四圣谛感到非常好奇，但也很难理解，我想只有通过禅修我才能更好地理解这些思想。

我非常怀疑我是否有能力理解佛陀的教法、佛教的历史以及相关的知识。佛教最早繁荣于印度和尼泊尔，而后又传播到了缅甸、柬埔寨、老挝、斯里兰卡、泰国、越南、西藏、印度共和国锡金邦、中国内地、韩国、阿富汗，甚至东欧，虽然我头脑里有很多疑问，但我也对禅修的学习很有兴趣。

佛陀并不要求自己的信徒盲目跟从他的教法，与此相反，佛陀要求每一个人通过实践那些教法来亲身体悟并发现真理，对达摩也就是正法的学习和领悟，完全是自由的，现在的上座部佛教徒依然在实践这些获取正法的方法。这给了我很大的鼓励，佛教思想和那些强调自己的教义是唯一真理的宗教，有多么不同啊！

禅修的经验对我来说是个人的体验，但它似乎很难用词汇来形容，因为词汇与语言往往是描述外部感受的，尽管这些外部感受为西方人所重视。这本书主要是关于一个西方女人在佛教环境中的生活经验——无论恐惧还是欢喜，无论怀疑还是痛苦，无论是她的禅修体验以及感受，还是她回到自己的国家之后依旧能体会到的生活改变。我想强调的是，这些禅修的经验并不是独特的调节个人精神的方式，对于所有的人，不论是亚洲人还是非亚洲人，只要练习禅修都可以获得类似的体验。我有关佛教及禅修的体验开始于泰国王宫寺，这是曼谷的一家皇家寺院，在这里，我进入到我即将描述的佛教世界中。

第 1 章
王宫寺初见方丈

止观是佛教的重要思想。

—— 维斯顿·金《一千生》

走进方丈的房间,我感到有些忐忑。刚叩开方丈的小房间的房门时,我看到一个和尚如同佛像一样坐在地板上,他穿着藏红色的僧袍。我意识到,应该对他顶礼三次。顶礼之后,我双手合十,以表达尊敬。在等待他注意到我的那个短暂的时间里,我非常想从这个房间里消失。

我在心里问自己:我到这里做什么呢?这是一个男人的世界,外国女人在泰国寺庙里是没有位置的。我手里拿着的花似乎也变得很沉重。我告诉自己,这个人很重要,他是泰国皇室寺院的住持,当地的国王很尊重他,而且国王也经常到这里拜佛。这是曼谷最著名的寺院之一,我闯进这个世界真是胆大包天。过了一会儿,他看到我,包括我手中的鲜花,我双膝跪倒,用膝盖向他挪进,我告诉自己,绝不能让我的头高过他的头。当我爬近他的时候,我把花放到一边,又向他顶礼了三次。由于不知道确切的顶礼姿势,我感到很尴尬,每当我抬起头的时候,我都注意到他在看着我,这使我感到非常紧张。

顶礼完毕之后,我安静地跪着,方丈似乎开始凝视我。我感觉到他能够看穿我的思想。由于不能容忍这种寂

冥想者日记　A Meditator's Diary

静的对视，我双手合十，向他介绍我自己以及我想要向他学习禅修的愿望，他似乎并没在听，只是一直凝视着我。我纳闷是不是自己做错了什么。我穿着高领上衣、长裤，我努力让自己的穿着和寺院的环境融洽。可能我有什么话说错了，这让我的内心感到恐惧。当我把花奉献给他的时候，方丈也没有和我说话。由于任何僧人都不能直接从女人手中接过东西，这位方丈拿起了一块藏红色的布，并把它放在我的面前，我将花放在了布上，但他并没有看这些花，也没有向我道谢。我仍然保持双手合十的姿态。我突然注意到，他的嘴一直在小声地呢喃，终于，他以非常缓慢柔和的声音，用英语对我说："你对佛教有了解吗？"我高声地回答说，我读过一些佛教书籍，但是我来到这里，主要是为了学习禅修和冥想。

过了几分钟，他反问我，什么是冥想？我努力抑制自己激动的声音，尽量平和地回答说，我不知道。我仅仅读了一些关于冥想的著作，但是对于我来说，我不能仅仅通过阅读来确切地理解冥想，这也就是为什么我来到王宫寺，希望跟你学习冥想禅修的原因。他似乎正在看着我，这让我感到非常紧张，我意识到我已经处于一个自己一无所知的世界。过了几分钟之后，方丈说："今晚六点，佛法课和禅修课将在我的房间里进行，你可以来参加。"我向他顶礼三次，然后跪爬出了这个房间。当我离开这个房间时，我几乎不能站起来。我的双脚麻木，心跳速度却异常快。

下午的空气是炎热的，我看到许多赤脚的僧人穿着藏红色的僧袍，他们的头好像是新近剃光的。太阳光穿透寺院的树叶，在他们的僧袍上洒下了美丽的图案。微风吹动他们的僧袍，当看到这样的景象，我开始变得平静起来，同时问自己："为什么我会这么害怕呢？"泰国对我来说并不是一个新地方，我对泰国有一定的了解，我参观过很多寺庙，通常寺庙里很嘈杂，并不凉爽。以前，寺庙对我而言，是旅游的地方，但这次不同，我正努力进入一种新的生活。这种生活将禅修的路途展开在我的面前。

泰国寺庙里的僧人不仅要独身，还不能和女人单独交往，他们可以和女人说话，但前提是必须有另一个人在场。因此，寺院里如果没有女人生活，将会更加便利，特别是外国女人。我不想让自己的任何行为破坏这些可以使僧人更好修行的规则，但这是不是我过于敏感了呢？当我等待晚上的佛法课的时候，黄昏降临了，晚风吹动寺庙的

冥想者日记 A Meditator's Diary

铃铛,这些铃铛被悬挂于屋檐的四角,在晚风的吹拂下发出和谐美妙的声音。寺庙的钟声也响起了,这把我的思绪带回到我即将开始禅修生活的寺院。

在这所寺院里,在十八世纪早期,创立泰国佛教法宗派的四世皇玛谷德国王修行了14年,之后他成为了泰国的国王。玛谷德国王曾经出家27年,熟悉僧人严格的清规与戒律,精通梵文、巴利文,以及佛教的宇宙观和人生观。正是在这座寺院里,玛谷德国王经过修学成为了一名伟大的学者、科学家、语言学家。1851年接掌王位后,他以佛法的智慧统理国家,为泰国近代的政局安定与现代化进程奠定了基础,并为泰国法宗派建立了严谨的持戒制度,他希望通过传统的巴利文经典来修学最为纯正的佛教思想,而这些巴利文经典正是佛陀传授的最原始的法本。

相信稍微熟悉电影的人对于《国王与我》一定不会陌生。影片里的"国王",演的就是玛谷德。这部片子的内容是叙述十九世纪六十年代,一名英国女教师在泰国担任皇家教师期间,如何克服东西方文化的差异与歧见,在国王允许下以开明治国。

玛谷德生长的年代正值十九世纪欧洲帝国主义的毒爪逐渐伸入亚洲之际，目睹东南亚各地相继沦为西方列强的殖民地，他从小勤学治国之术。1824年父王去世，他是嫡长子，原本可以登基为王，却被同父异母的兄弟抢先一步成为拉玛三世。

遭逢如此巨大的变革，玛谷德悄悄离开皇宫，剃发出家。在长达27年的修行生活中，他阅藏深思、精进修持，彻悟佛经中"诸行无常、诸法无我、众生平等"的真理，培养他圆融、成熟、沉稳的处世态度，僧团固有的民主特质对于他日后的治国理念也产生了深远的影响。

在托钵云游期间，他结识了许多西方传教士，向他们学习拉丁文、英文等各种语文，以及人文、数学、天文学等各种科学，成为泰国第一位接受西方学术洗礼的君王，据说他的天文学在当时还是首屈一指、享誉国际的。

出世的潜修与入世的体验如同秋霜冬雪般洗练着他的身心，让他在潜移默化中孕育出处变不惊的定力与智慧。

冥想者日记 A Meditator's Diary

玛谷德以这番深谋远虑的定慧功夫引领泰国朝野度过了风雨飘摇的险境。

玛谷德国王正是基于这些思想建立了一个新的佛学宗派——法宗派，法宗派严格遵循上座部佛教的戒律，这一宗派对泰国佛教的发展产生了很大的影响。一想到玛谷德国王的一生，我就觉得非常沮丧，甚至有些愤怒，因为西方人对这位曾经做了27年僧人的伟大君王的了解，是非常有限的。他们对他的了解仅仅来自于安娜·雷诺文斯安在《大西洋》月刊中连载的《逻罗王朝的女教师》或者是女作家玛格丽特·兰登的小说《安娜与暹罗国王》，尽管这部作品拥有如此众多而又亮丽的光环，但在泰国人看来，其内容不仅与史实不符，与玛谷德国王在泰国人心目中拥有的崇高地位也不相符。

我想到了其他一些著名的人物，他们也曾来到这座寺庙学习佛法、实践、冥想和禅修。在1956年，当今的泰国国王拉玛九世普密蓬·阿杜德陛下正是在这里剃度为僧数周。当今的国王陛下也是虔诚的佛教徒，想必他也了解并积极实践着佛法。

在六点前的几分钟,我来到方丈的房间门口。看到有几双禅修者的鞋放在台阶上,我也鼓起勇气,进入了方丈的房间。我发现,禅修者并没有聚集在我上午拜见方丈的那个房间里,而是聚集在与之相连的一个小房间。这个房间里放着一些椅子和一个桌子。女众坐在右边,男众坐在左边。我悄悄地找到一把更高的椅子坐下来。为了缓解紧张,我拿出了我的笔记本,开始记录自己的感受。房间里有四个僧人,三个是外国人,一个是泰国人。他们的头都是新剃的。这些外国僧人看起来有些奇怪,他们的鼻子很大,皮肤很亮,体毛很重。此外,还有一个衣衫褴褛且又高又瘦的西方男子。

一段时间的寂静之后,一些花,包括玫瑰、兰花、茉莉被摆上了一个桌子,这些五颜六色的花是供养方丈的,花的香味非常强烈。而那个泰国僧人可能正在冥想中入定,他的手放在膝盖上,眼睛半闭。令人不可思议的是,他这样半开半闭的眼睛看起来非常像佛的状态,我甚至感觉不到他的呼吸。

突然,我的思维被两个闯进来的男童打断了,他们穿着卡其布的上衣、白色的裤子,托着两个托盘走进了房

冥想者日记 A Meditator's Diary

间,托盘上有中国式的茶杯。我猜茶杯里有茶,但是因为茶杯都盖着盖子,我看不到里面。每一个禅修者都拿起一杯茶,但是没有一个人喝,我也没有。这两个男童离开了,又恢复了寂静。

这些僧人以及居士——也就是依照佛法行事但没有出家的人,都把茶杯放在窗户边缘或者地板上,而我却一直拿着茶杯,当我攥着茶杯和笔记本的时候,方丈走进来了。房间里的每一个禅修者,无论是出家人还是在家居士,都站起来向方丈合十,但我除外,因为我一手拿着热茶杯,另一手拿着笔记本,我这会儿多么希望自己没有拿这杯茶啊。

方丈坐在桌子后面,房间里的每个人都看着方丈,但方丈并没有看大家。似乎他根本不在这个房间里,而是在其他一些地方。大约十分钟的寂静之后,我注意到方丈的脸开始抽动,就如同早晨他开始呢喃时一样。接着,他开始用柔软缓慢的英语讲课。我发现说英语对他来说有些困难。当他讲课的时候,我在笔记本上记录道:

人们应该学习佛陀的教法,佛陀认为生命是苦的，生命之所以是苦的，原因就在于人们有欲望，人们的生老病死都是苦的。

佛陀教人们消灭痛苦，消灭痛苦的原因、方法就在于消灭欲望。而佛陀要告诉人们的是有关无常的真理。例如：无论月亮、桌子还是其他的一切都不是恒常存在的。佛陀也教我们禅修，通过禅修，我们能够放弃思想中坏的东西，发展出好的东西，我们能够纯净自己的心灵。最后，我们必须倾听，我们必须发展出意识中的正念。正念和无明不同，真理都来自于一个人的内心，每个人自身就是一部大如来藏。

当方丈边讲课边扫视这些学生的时候，大家都合掌回应，并低下自己的头。一段时间的寂静之后，方丈又开始讲课：

我们必须让自己的内心平静下来，为了使自己的内心平静或者正念分明，我们必须将注意力集中到呼吸上来。这样我们就能感知我们的念头。

冥想者日记　A Meditator's Diary

在这个行为中，我们将能够逐步达到无念的状态，我们可以将思想固定在四个地方，也就是"身、受、心、法"上。我们可以通过这些手段来发展自己的正念，使自己获得平静。

我写下这些，但是不太理解，我也不好意思去问问题。经过了一段长时间的寂静，方丈又开口说道：

在禅修中，呼吸时要意识到空气接触到你的鼻子，当气在鼻孔进或出的时候，作为初学者我们可以数数，就像这样：一吸气，二吐气；或者数一吸气，再数一吐气，数二吸气，再数二吐气，这样一直数到十，然后开始重新计数，但不要使自己的念头有强迫感。

当念头跑了的时候，就把念头抓回来，但还是要持续地保持呼吸。

身体可以采用跏趺坐的方式，或者采用其他坐法，要让自己有一个舒服的姿势。也许在臀部和脚踝之间放一个垫子，可以让你更舒服些。保持背部的直立，将右手放在左手之上，两手的拇指要相互接触。要使自己的身体尽量感到舒适。如果你30分钟还平静不下来，也没有关系，但是不要打扰别人。

在一段时间的平静之后，铃声响了，这两个寺庙的小童出现了。方丈挥挥手，这两个小童又离开了，难以置信的是，时间已经过去一个小时了，当方丈站起来的时候，学生都向他合十。于是，我也向他合十，但这让我感觉很不自然，因为我确实不知道在这个著名的僧人面前该怎么做。一个说英语的外国女孩对我说，我们现在可以上楼去，去禅堂中做禅修练习。

我们都脱掉了自己的鞋子，一会儿之后，一个寺庙的男童打开了禅堂的门，告诉我们可以进去了。禅堂有些黑，当僧人们点亮蜡烛并点起香的时候，房屋的黑暗才逐渐消退。我想找到刚才和我说话的女孩，但在我能找到她之前，有一个年轻的男子递给我一个小毯子，说道："你用这个可能更舒服。"

"不"，我回答说我不需要。他坚持建议我还是坐

冥想者日记　A Meditator's Diary

在小毯子上,并把小毯子再次推向我。我突然意识到,这里的每一个人,都坐在小毯子上,所以我接过了毯子。禅堂里的每一双眼睛都看着方丈,似乎每一个人都在等待什么。

方丈坐在前面的佛坛上,这个屋子里的人分为两部分,一部分是神圣的僧侣,另一部分则是像我一样的俗人。那些穿着僧袍的僧侣开始向佛像顶礼三次,而其他禅修者也随着他们顶礼。在顶礼之后,每一个人都跏趺而坐,我盯着刚才和我说话的女孩,努力复制她的每一个动作。一个寺庙里的男童走进来,打开了一个摇头电扇,这些电扇给禅修者送来阵阵清风。当第一股清风拂过我面庞的时候,我非常高兴,不仅因为清风带走了晚间的热浪,也因为它阻止了蚊子再次从我身上吸血。

　　跏趺是"结跏趺坐"的略称,这是佛教中修禅者的坐法,两足交叉置于左右股上,称"全跏坐",又称"吉祥坐"。单以左足置于右股上,或单以右足置于左股上,叫"半跏坐"。假如你先将右脚掌置于左大腿上,后再将左脚掌置于右大腿上,也就是反方向,则名为"降魔坐",或称"金刚坐"。功能不同，所以名称有异。据佛经说，跏趺可以减少妄念，集中意念。

在来到这所寺院之前，我根本无法想象这里居然还有电扇。为了防止蚊子叮咬，我在自己身上涂上了很多驱蚊水。我努力调节自己的腿和身体，使得自己跏趺而坐。我宽松的衣服似乎并没有成为我禅修的障碍，它使我有足够的空间跏趺而坐，这让我很高兴。然后我似乎正在开始关注我的呼吸，我吸进空气，感觉到自己的呼吸有些反常，但是我的确能够感觉到空气在我的鼻子里进出。我将意念集中在呼吸上，努力排除其他的妄念。我开始数一吸气，一吐气，二吸气，这时我的思想又溜号了。我注意到驱蚊水的味道，并且开始怀疑我的房间里今晚会不会有蚊子，然后又想到自己下午见到方丈时的情况。我开始接着数数，但自己每一次都走神儿。

我发现自己甚至不能让念头保持几秒钟，这让我感到很紧张。我记起方丈的话："不要强迫自己的念头，当你的思想溜号的时候，就把它拽回来。"可能我真的是太执着了，我必须放松，可我又做不到。对我而言，这是一次全新的体验。最后，我终于放弃努力并睁开了眼睛，我看

冥想者日记 A Meditator's Diary

了一下我的表，15分钟过去了，其他的禅修者仍然保持不动。方丈已经不在这个房间里了，但是四个年轻的僧人仍然在这里一动不动地坐禅。当我的目光逐步适应了这里昏暗的烛光的时候，我注意到这个房间靠墙放着一个华丽的柜子，柜子上放着一些中式的钵和盘子。

我很纳闷它们是哪里来的，僧人并没有自己的财物。后来我才知道，很多忠诚的信徒都向寺院布施各种物品。对佛教徒而言，布施是一种积功累德的方式，是在修善业。我伸手碰了碰地板，地板的材质是柚木，摸起来有些凉、有些硬。烛光在电扇制造的清风中摇曳，摇曳的烛光扫过这些禅修的僧人，以及佛坛上安坐的佛像。星火闪耀的香在电扇的推动下散发出奇特的香气，让人闻起来心旷神怡。这个房间对我而言开始变得友善起来。20分钟之后，其他禅修者也开始动起来，不过动作非常缓慢。有些人仅仅是抬抬头，或者移移胳膊，然后他们开始离开他们的座位，我依然平静地坐着，假装闭着眼睛，因为我不知道他们又要做什么。

僧人们慢慢地站起来，一个又一个地在佛像前顶礼三次，接着居士禅修者也进行顶礼。然后大家安静地走出门,各自寻找自己的鞋子,没有人说一句话。我跟随着大家的行动,只是我总是慢半拍。那时,我的右腿感到非常麻木。我一瘸一拐地走出了这个安静的寺庙,我的住处在几个街区之外,回房间要途经一个服装批发市场,市场的嘈杂和交通的噪声将我拉回现实之中。我想回味一下过去两个小时里的经历,但是环境太嘈杂了。后来我走进了一个小巷,小巷道边热带植物发出的香气和方丈室里的茉莉香气非常相似,我又开始质疑自己是否有能力控制意念,让自己数息的时间再稍微长一点。

此外,我还发现克制自己天马行空的思维是非常困难的事。就我以往的经验而言,我那些最好的思想都来自于让思维无边无际且毫无拘束的幻想。我纳闷自己是否真的愿意改变自己这样的习惯。当我走进自己黑暗的房间时,我意识到,今晚的整堂课已经对我产生了影响。方丈已经讲述了禅修的原则,对我而言,既然能充满热情地从美国来到这里,就必须认真练习,我告诉自己说,我必须按照方丈的指示,好好地练习。我坐在自己房间的地板上,开始集中精力数息,一吸气,一吐气,二吸气……我一遍一遍地数着,这样持续了一个小时,我都没有数过二,我的思想总是很快就开始乱跑。

冥想者日记　A Meditator's Diary

　　终于，我精疲力竭地爬到了床上，银色的月光透过摇曳的热带植物洒在了我的地板上，光影下的各种奇妙图案开始在我的大脑里跳舞。

第 2 章

杂念来袭,如何感知平静

> 冥想并不是任何人的发明,
>
> 也不是任何人的创造,
>
> 它是人类童年时期就具有的经验,
>
> 只不过它在每一种文化和人类文明的
>
> 每一个时期都被挖掘出来了。
>
> —— 劳伦斯·洛衫《如何冥想》

接下来的几个早晨,我每天醒来都在思考方丈给我的关于集中精力冥想的指导,以及我在佛法课上所学的内容,这些让人着迷的思想,像一种神仙的力量,每天都把我从床上拽起来,让我努力地实践冥想和呼吸。每天我都发现,我跏趺而坐的能力越来越强,集中意念在呼吸上的能力也越来越强。尽管大多数时候我只能数到"3",但我现在已经能够做到有时候也可以数到"4",甚至"5",而没有任何间断。

这天早晨我练习了25分钟的冥想。这次练习似乎比以往更加轻松,受到这种鼓舞,我非常高兴,但我依然有很多疑问,为什么我不能够控制自己的思想,哪怕一小会儿呢?我一直想让我能够控制自己的思维,但是为什么我在冥想中根本就不能做到这一点呢?虽然这看起来似乎很简单,可我为什么就不能呢?我想起了王宫寺僧人不断给我的警告,集中精力禅修要有耐心。

在等待寺庙的僧人给我新的禅修安排的时候,我想今天我应该看一本关于佛教的书了,这本书是一个泰国女学者送给我的,这位女学者对佛教很有研究。

冥想者日记　A Meditator's Diary

这位女学者其实送给我很多很多的书，我找出她送给我的这一堆书，却发现我只看了其中一本，顿时心头有种沮丧的感觉。而更让我沮丧的是有一次我和这位女学者谈及我在西方读到的一本佛教书籍，我对这本书大加推崇，这位女学者却认为这本书不好，具有误导性，知见也不正确。

我下决心要好好读书，从床下搬出了这位女学者送给我的一堆书，然后顺手拿出了其中的一本，这些书都是用英文写的，他们是斯里兰卡和泰国的佛教徒们出版的。我一直读到中午，然后我又做了一段冥想的练习。这一次我居然轻轻松松就冥想了30分钟。

这一次明细整体的感觉和早晨差不多，但是更自然。在晚上，我决定放弃数数的方法，而是决定把自己的思想集中于吸气和吐气，我想这种模式可能更适合我，在经过了晚上的冥想练习之后，我坐在自己的小房间里，回想起这几天冥想的收获，于是在笔记本上写了以下的话：

　　我每天都有一点点进步，佛法课和冥想课我都有所掌握，我每天都读一些佛教的书籍，我也和一些友善的人以及一些世俗的学者讨论佛法，其中一些学者来自另一所著名的寺院——金山寺。当我的精神世界悄然发生改变的时候，我能够感知一些平静的事情，我知道自己发生了变化，我已经开始能够感知平静，也开始能够感知自己的内心，但我还不能确切地理解它。

几天以后，我又在笔记本上填上了下面这一段话：

  我练习冥想，每天三次，早、中、晚。起初，我的冥想只能持续25分钟到30分钟，现在，这个时间似乎在增加，但我并没有感到任何不适，时间的延长似乎是自然发生的，冥想变得越来越容易，我也越来越容易将心念集中于呼吸，我已经放弃了数息的方式，因为它好像不适合我，我的精神确实能够集中于一些事物，已经不像开头那些天那样，我还要努力地强迫自己将思想集中，现在即使我的思想偏离呼吸的时候，我还会记起方丈的话，把它自然而然地带回来，却并不强迫自己。

蚊子带来的痛苦却是很大的麻烦,我并不总在有电扇的地方进行禅修,我也并不总在自己身上涂上防蚊水,所以我总是被他们骚扰,我的腿经常会变得麻木、疼痛,我有时也总有挠痒的欲望,这些总是会破坏我的禅修。僧人们告诉我,当感到一个地方的痛苦的时候,就要将意念集中于那个痛苦,一直想"痛苦痛苦痛苦",一直想到它不存在。或者说当一个蚊子叮我的时候,我就要想"叮叮叮"。或者把思想集中在这个痛苦上,不停地想"疼疼疼"。

以前我一直想,假如一个人能够忽略掉一些痛苦,那么他将过得开心,痛苦也将过去。但是,现在的僧人们却教导我要集中精神于那些痛苦,然后努力去看会发生什么。我非常怀疑这个方法是否有效,因为蚊子经常让我非常难受。不过,今天晚上我决定试一试僧人们的这个理论。

当我在方丈的房间里冥想的时候,我的左鼻开始感到疼痛,而且我的意念又无法集中了。就在我将我的意念努力保持在呼吸上的时候,这个疼痛已经拓展到了我的整个脸上。经过片刻的犹豫,我决定听从僧人的建议，把思想集中于痛苦，我的思想开始集中在这个痛苦上，我特别想用手去抓痒，但是我遏制了自己的想法，内心不断重复着"疼疼疼"的感受，于是疼痛持续扩散，我一直集中意念于"疼疼疼"，很长时间之后，疼痛居然停止了，不过鼻子的疼痛虽然很快停止了，但是我的左胸又开始疼起来，于是我又把我的意念集中于左胸的疼痛，我的内心不停地重复这种疼的感受，我重复它一遍又一遍，最后左胸的不舒服居然也消失了。

可是，我又感到我右边的胸部也开始疼起来，真是太麻烦了，这是一场考验吗？好吧，我决定依然遵守僧人的指示。这一次，疼这个词汇在我的心中只被重复了一次，疼痛就消失了，我不能确切理解发生了什么，但确实是，集中意念在疼痛上，反倒可以使疼痛消失得无影无踪。蚊子叮咬的疼痛在整个冥想的过程中一直困扰着我，但我拒绝向他们屈服，我也遏制了自己用手去抓痒的欲望。

其实这里还有一些其他问题也在干扰我的冥想。在长达好几天的时间里，我都只能感觉到吸气，却不能感觉到吐气，我感觉我在佛寺点燃的香气中吸进了大量的空气，但它们无法出去,我非常害怕它们聚集于体内会将我炸得粉碎。

在有一晚的佛法课之后,我向一个僧人提出了上述疑问,并希望能得到解答,这个僧人告诉我说,不要担心这一点,他说空气当然会从你的体内排出,你不能够感觉到这一点,是因为你没有区分吸和吐的气温度不同的能力。

然后他教育我说,不要强迫自己去呼吸。他说如果我总是强迫自己去关注这一点,就证明我太执着于冥想的成功,我执太重!无疑,他是对的,我非常非常关注"我",因为我想成功,我想成为一个好的冥想者,我想吸收所有关于佛教的知识,也想学习所有关于禅修的技能。僧人无疑是对的,我真的太注重自我,或者说我执太重,无疑这对我学习冥想是一种障碍。

我知道,如果我能够降低"我"在自己内心的重要性,也就多少能够打破一些我执,那么我的佛法学习将有更多的进步。这样我才能够更接近于中道,也就是说既不过于散漫,也不过于苛求自己。

这天晚上，在方丈的房间里，经过这些讨论之后，我发现方丈的房间不再让我像刚开始那样觉得拘束和有压迫感了，现在这里反而让我觉得很自在。我猜想这其中的原因大抵是因为我在佛学学习和禅修学习上有了一定的进步，不过我也承认偶尔失态的尴尬依然困扰着我，特别是我依然不知道如何完美地向僧人做三次顶礼。我不知道动作，也不知道程序。对于这个问题，我的解决之道就是在第一次顶礼之后，一直将头放在地上，等我感觉到其他人也结束了他们的仪式时，我再跟他们一起站起来。

当我坐在真实的环境中，我立刻意识到我的思想又跑得很远了，于是我开始努力让自己再重新进行一次冥想的练习，以此来发展正念，进入三摩地，这是禅修的一种形式，我已经多少对此有点理解，我已经开始理解了正念的概念，它意味着一个人可以控制自己的思想从而能够到达宁静的状态，但我还是做不到平静，虽然能够感知自己的呼吸，但我却不能阻止念头的浮现，我自己都能感觉到念头一个又一个，有时就像抽筋的肌肉一样拧在一起。

冥想者日记 A Meditator's Diary

我不得不承认自己确实很难消灭这些杂念！这大概是因为我还不能深切地体会三摩地禅的含义，但是我已经发现，一个人本来只能意识到自己念头的一小部分，而通过冥想，他可以扩展自己观察念头的能力，也能够得到更多的平静。

经过这几天的修行练习，我现在已经发现禅修是一个非常非常有意义的活动。尽管在此过程中念头会不断出现，但我知道只要坚持冥想，一切都将会有改观，于是我努力用一个舒服的姿势坐下来然后开始吐气和吸气，现在练习冥想比我刚开始的时候容易多了。

经过冥想的训练，我的很多问题已经解决了，我的呼吸变得很自然，吐气和吸气都很规律。但是我现在看到有一团灰色的气体，灰色气状的，云雾状的东西，悬挂在我的鼻子上，或者说是两眼之间，我不知道这是什么，我甚至猜想说这可能就是我那些杂乱的念头，是它们悬空挂在我的头外。有的时候，它们还会凝结成一个并不好看的样子，但是吐气和吸气仍然在进行。当我的念头或者意念凝结成一个未知的图案悬浮在我头外的时候，我依然能够感知自己的吸气和吐气。

于是我想，一个人可能至少要有两种思想，至少对我而言就是这样。我的一个念头集中于吐气和吸气，另一个念头则集中于外面这一团物质，但是我发现这团物质缩小了，似乎这团物质在另一个星球，但吸气和吐气依然在地球上。

我面前的这团物质，有时会变小，然后飘动起来，然后会变黑变暗，有的时候也会变亮。但是不管他怎么变，我依然能够集中精力于吸气和吐气，这团物质也会始终悬挂在我的头外。这团物质对我而言是个诱惑，最后我不得不全神贯注地关注它，当我集中关注它的时候，它却消失了，于是我又把心思拉回来，放到吸气和吐气上，但它没有重新出现。没有任何预兆的，今晚的冥想突然结束了。

我没有能力把自己的意念持续集中于呼吸上，我感到自己的眼睛闭上了，我还想努力回到冥想的状态，但我知道这很难，于是我努力睁开眼睛移动双手，虽然我的手很难移动，但我知道我必须这样做，为了让我在禅修的时候，身体不带任何负担，我一般都把表放在地板上，我睁开眼看了看地板上的表，我居然已经坐了45分钟，但我的感觉只像过去了五分钟或者十分钟。

我仍然保持姿势在这块藏红色的小垫子上坐了一会儿，这个房间非常安静，我有一种全新的体验，这种体验在之前没有出现过，它让我觉得整个人非常平静，我非常享受这种体验。但我知道这种享受无疑是不正确的，因为僧人曾经告诉过我不要着相。

我知道这个房间里除了一个寺庙里的男童就只有我一个人了，这个男童正在一个相邻的房间里窥视我，我猜他在等我离开，以便他能够关掉风扇。似乎我的禅修在逐步进步，虽然这个进步十分缓慢。

然而，我一直提醒自己：根据一些禅修者的经验，以及那些佛学大师的著作，每一个禅修者都必须让自己保持警醒，这些幻象将是他禅修道路上的障碍，特别是如果他痴迷于这些幻象的话。

某个晚上，当我在方丈的房间里进行禅修时，那个灰色的气团又出现了。我不知道为什么，这个气团总是在方丈的房间里出现，或者是因为在这个房间里讲授佛法课所给予的加持，或者是因为方丈本身在这里坐禅就具有加持力，或者是因为这个房间的气场更加适合禅修，我也说不准。

这次冥想和以往一样开始，我努力地让自己舒服地坐下来，让自己感觉到非常轻松，摘下表，夹腹而坐，直起后背，以便我的身体能够被自己的腿和臀部支持起来。我现在对呼吸已经非常熟悉，觉得集中意念于呼吸也变得越来越容易，而且时间也越来越长。

事实上，在过去几天里，我发现自己已经逐步开始非常非常享受冥想的感觉。但是今天晚上随着吸气和吐气，我面前的灰色物质变成了蓝色的针状物，这个蓝色的针状物离我非常非常远，好像在无限远的地方，当它闪耀然后逐步变大之后，它慢慢遮挡住了整个地平线。它逐步变得无限大，还开始变幻出各种各样的颜色，而不只是蓝色。从深紫到暗红，它就如同一个巨大的万花筒，由各种颜色变化出种种的图案，或者跳跃，或者旋转，或者闪亮，或者如同树荫。我依然集中正念于呼吸。这个万花筒的颜色和图案离我很远很远。它似乎充满了整个宇宙，这些颜色似乎在无垠的宇宙中跳舞。我特别特别欣赏这种美丽，但是也很害怕自己的思维从呼吸中跑掉。后来我有点纳闷，我怎么居然能一边集中意念于呼吸，又能同时感知这个无限的色彩。

我到底有多少种思想，头脑中到底又有多少个部分呢？其实好几天以来，我每次的冥想似乎总是不可避免地伴随着一个巨大的幻象。有的时候，这个幻象是非常小的，针状的，有时候它又非常明亮，非常大，能够弥漫整个空间，这些幻象让我很高兴，因为他们往往都是非常美丽、漂亮、艺术的。经常在我开始冥想的时候，那个灰色的气团就出现了。我一直认为那个气团是我的思想，它总会出现在我的鼻子下面。但有时，它又会变换成其他的形状。有一天，在这些颜色开始展示它们的舞蹈之前，这似乎代表我思想的气团变亮了，变成黄色的，非常明亮的黄色，犹如黄色的波浪一样，一波一波跳起舞来。在那时它似乎离我非常近，然后它又持续旋转和扭动。突然我发现它形成了一个很小的佛像的形状，就如同许多泰国人带在脖子上的护身符一样。过了一会儿，它又变成一个坐佛的轮廓，之后，它又变成一朵半开的莲花。

我持续观察这些神秘的形象,我很纳闷,这些形象是否也意味着什么,又或者并不意味什么,我想。但是,为什么它们总会出现呢?为什么它们这么具有吸引力呢?为什么它们一直吸引我去关注呢?有时我觉得,或许它们过一会儿就会消失,但是它们却没有这样。

于是,在一个夜晚,在经历了冥想讨论课之后,我问一个叫金寺的僧人,为什么我的冥想总是伴随着蓝色。金寺和尚是一个25岁的年轻人,他没有给我解释,而是反问我,你对这个蓝色的相做了些什么?我回答说,我仅仅是喜欢他们也享受他们,然后同时努力呼吸,享受它们会带来的痛苦。他纠正我说:"你喜欢这些颜色,但是千万不要执着于它们。既然蓝色是一个让您平静的颜色,那么下一次你可以不再享受这些颜色和图案,努力把它们吸进你的体内,伴随你的呼吸。"然后,他又补充说:"你不能对这些相做什么,你应该忽略它。"

其实我并不知道他在说什么,因为我不了解"相"这个词汇。思考它或许是一个愚蠢的问题,于是我努力地问金寺和尚,"相"是什么意思?他告诉我,"相"

就是一个符号或一个形状，它经常在人们进行禅修或者冥想的时候出现。确切地说，它应该叫四相，就像每个人都不同一样，但是这个和尚解释说，它一般代表着思想的平静与宁静，当一个相出现并变化的时候，你应该集中精力好好地冥想和禅修，要记住"相"不是你的，它也不是你。相的来临和消失，就像所有无常的事情一样，都会引起痛苦。

"相"的生命就如同世界上的其他生命一样，禅修者不应成为"相"的奴隶。真正的美丽并不在于"相"，而在于禅修带给人们的内心的平静。他持续说："你应该集中精神，集中精神是禅修的关键。"禅修就是要集中精力于当下，但是你也不能忽略"相"，要记住你绝不能成为相的奴隶。后来他建议我去他的寮房，并给我看一本英文著作中对"相"的解释。当我走了很长的路回到家的时候，我纳闷为什么这位僧人如此强调执着于相的危险，我不理解那意味着什么。所以我想，看它给我的书也许是一件明智的事。

第二天，我从这位僧人那里拿到这本书，书作者是泰国著名的僧人佛使比丘，这本书的书名叫《走向佛法》，在讨论一些禅修的步骤之后，佛使比丘写道：

> 首先，要意识到关注呼吸的长短才是初步禅修的关键。禅修的第一步就是使意念专注于一个物体，比如门或鼻孔。第二步，呼吸将变得平静和轻柔。紧接着，他会指出"相"的一些问题，我在他的书摘中抄了一段到我的笔记本上。当一个"相"出现的时候，这个"相"可能会存续很久，它意味着我们的四相已经平静下来。这个"相"会变化各种形状，或大或小，或美或丑，但对每个人来说，相都是不同的。比如有的人会看到巨大的月亮在天空或者树上，也有的人会看到一些精神形象。但无论"相"是什么形状，这些精神物质最终都会消失。

我对这个很好奇，见到"相"是否意味着我已经取得了一些进步？我每次看到的这些形象是"相"吗？无疑它们应该是。但我居然对此一无所知，直到它已经占据了我的整个精神，但我该怎么面对这种情况呢？佛使比丘说，出现"相"的阶段，人们就已经像一个训练得非常有素的猴子，可以变得平静和安宁了。一个人在这个阶段就可以注意到自己的思想，并具有一定的耐心。在这个阶段，一个人应该已经从影响他精神状态的五种毒药，也就是贪、嗔、痴、慢、疑中解脱出来，全神贯注于自己的思想了。"全神贯注"这个词警醒了我，我想"全神贯注"和我以往在瑜伽训练中接触到的概念应该有所不同。虽然我没有达到全神贯注的状态，但我知道它将意味着远离贪、嗔、痴、慢、疑。

但是，为什么执着于"相"是危险的呢？我还不是很清楚。我对此还有一些疑问，但是我觉得对于这个问题我现在还不必深究。在第二天晚上的禅修冥想中，我的呼吸变得非常轻柔和平静。我开始变得更容易去关注自己的呼吸，"相"又开始出现了。它开始颤抖、旋转，并且形成了一个现代化的图，一个现代图案。它由深蓝变得越来越亮。就在这会儿，我记起了僧人的指示，不要去享受这个颜色和图案，也不要执着于他们。于是，我开始根据僧人的指示把这些图案通过呼吸挤压进我的身体。这些颜色和图案接近了我，但是我发现自己很难把它们完全放进自己身体之中。我能看到它们进入我的呼吸，接触我的鼻子，但是在进入我的鼻子之后，我就掌控不了它们了。我似乎不能够完全把它们吸进体内，因为它们太大了，充满了整个宇宙。我看到这些蓝色慢慢地，慢慢地塌陷成了一个小洞，但是我依然集中意念于呼吸和平静。这会儿，我知道，我的冥想停止了。

这次冥想的停止是非常有趣的，它发生得非常自然。我有一种感觉可以自然地接上这次冥想。因为这种感觉让我觉得非常开心，无疑这是不对的，既然僧人说我们在冥想的时候不能执着于任何东西，当然也不能执着于这种快乐。这种愉快的感觉，甚至在冥想之后，我拖着疲惫的身体走过繁忙街道的时候依然存在。

从冥想开始，我就发现在禅修之后吃东西是不可能的。有的时候我可能会喝一杯水，或者冰茶或者果汁，但是今天夜里我不能强迫自己喝下任何东西。后来，我也知道不能吃东西，吃不下东西也是禅修者的一种普遍感觉。

从寺庙回来的时候，我经常会坐在床上，有的时候喝一杯水，然后开始接着练习冥想，今夜也不例外。因为我觉得今天的禅修停止得如此自然，我想接续刚才的感觉。这时我又回想起了一些禅修先行者们的警告，不要轻信你在禅修中获得的进步，也不要轻信自己能够理解，或在理解佛法方面取得了进步。禅修是一个漫长和痛苦的过程，根本没有捷径，我想这些警告是对的。

然而今夜，当我在冥想的时候，我确实能够感觉到我在呼吸，平静地呼吸，也能够感觉到这个蓝色的"相"与我的呼吸同在，我甚至还能够感知寺庙的狗吠和寺庙小孩儿的玩耍。当他发声的时候，我能清楚地感知到，我也能听到狗叫和男孩的玩耍声。我感知他们，但我并没有分心，这是一种超然的感觉。我开始感知，并开始对一个复杂的佛教概念——"超脱"以及"慈、悲、喜、舍"这几个字有了概念。

其实，我一直觉得这些概念之间有一点点的矛盾，我在笔记本中写道：超脱是不是就意味着能够感知所有的事情，但不执着呢？但是假如不执着，那一个人怎么能够表现出慈爱的特性呢？和尚们一直说要发展慈爱，慈爱是一个简单和基础的冥想目标，但是我怎么能够一方面发展自己的爱心，另一方面却无论是对人、动物或其他事物都在内心表现出一种超然呢？这真是一件不容易达成的任务啊。

慈爱如此，其他三个重要的概念，悲、喜、舍也是如此，如果我们能够超然的同时，还做到慈、悲、喜、舍，根据佛的理论，那将是怎样一种状态呢？我不理解。确实也不知道那样一种绝对的超然是什么样子，这个疑问还在困惑着我。

第 3 章
生活就是一场战斗

每一个人今生的生活
都是他们自己前生所造作的业力的结果。

—— 马拉拉赛奇《南传佛教面面观》

我在王宫寺学习佛法与禅修的同时,也在曼谷著名的金山寺跟一个居士学者学习佛法。

金山寺因坐落在"金山"上而出名,有318级阶梯通达山顶。山上的佛塔高达78米,塔基周长约360米,是泰国的著名佛寺。该寺建于曼谷王朝拉玛一世时期,寺内大殿供奉一尊大坐佛,坐佛后面是一幅壁画,佛塔内供奉着佛祖释迦牟尼的遗骨舍利子,因而成为泰国乃至东南亚的佛教圣地。由于曼谷四周是一片平原,故金山寺成了曼谷最高的寺庙,成为曼谷的"瞭望台"。站在山顶的佛塔上极目远眺,整个曼谷的全貌可一览无余。

我很少爬到金山的顶上。我在金山寺的老师是一个能够说一口流利英语的泰国绅士,他主要的研究方向是阿毗达摩论,他给很多泰国人开班传授阿毗达摩论。老师介绍说:

> 阿毗达摩论共有七部论。上座部佛教一共有七部论,也被称为南传七论,或者上座部七论。第一是《法集论》、第二是《分别论》、第三是《界论》、第四是《人施设论》、第五是《论事》、第六是《双论》、第七是《发趣论》。

冥想者日记　A Meditator's Diary

佛教认为"阿毗达摩"是佛陀所说的，为什么呢？

"阿毗达摩"并不属于弟子的范围，而是属于佛陀的领域。一位著名的论师在解释《法集论》的《殊胜义注》里面提到，佛陀在证悟正觉之后的第四周，就是第四个星期，坐在菩提树附近的宝屋里面省察"阿毗达摩"。现在，菩提迦耶附近的宝屋，据说就是当时佛陀坐在里面省察"阿毗达摩"的地方。这里讲到的宝屋，并不是说里面都是由宝石所做的，而是佛陀当年省察"阿毗达摩"的地方，世尊在这里从《法集论》开始省察"阿毗达摩"。当他在省思前面六部论的时候，身体并没有发出光芒，但是当他省察到第七部《发趣论》的时候，身体发出了很明亮耀眼的光芒。这种光芒一共有六种颜色，分别是蓝色、黄色、红色、白色、橙色，以及五种颜色的混合色，因为这证明世尊当时在省察非常深奥的法，所以最能体现佛陀所拥有的一切知智的是《发趣论》。现在，我们看到有些佛像的背光呈现出蓝色、黄色、红色、白色、橙色跟五种颜色的混合色，这就表明佛陀当时在省思"阿毗达摩"。而我们现在看到佛教的六色教旗，也是根据这个典故而设计的,也就是青、黄、红、白、橙,再加这五种颜色的混合色。所以,现在佛教的六色教旗就是这样来的。

同时,上座部佛教也认为"阿毗达摩"是佛陀的教导,佛陀并不是在人间直接向弟子传法,而是在三十三天,向来自一万个轮围世界的诸天以及梵天人开示。佛陀在成道之后的第七个雨安居,到了三十三天,就是忉利天,就坐在珊瑚树下的黄色石座上面,用相当于人间的三个月时间向诸天开示佛法。当时,最主要的听众是佛陀以前的母亲,他的母亲在佛陀出生之后的第七天就去世了,去世之后又投生到兜率天。当她投生到都兜率天之后,就不再是个女的,已经是一个男性的天子了。

当佛陀在天界讲"阿毗达摩"的时候,为了维持色身,佛陀也会到人间的北俱卢洲去托钵。当佛陀托了钵之后,就会到无热恼池用餐,用完餐之后就走到旃檀林去休息,把那里当做日间的住处,也就是午休的地方。那个时候,法将沙利子长老(舍利弗长老)到了那里,并履行弟子的义务。然后佛

冥想者日记 A Meditator's Diary

陀就把当天在天界讲的那些法要讲给了沙利子听。他说：沙利子，我今天讲到的就是这些。佛陀把自己在天界讲的法交给了拥有四无碍解智的上首弟子，就像一个人站在岸边，用手指着海洋一样。同样的，世尊只是把法交给沙利子长老，长老又可以用十种、百种、千种乃至十万种方法来解释佛陀讲的法要。之后，沙利子长老又把他从佛陀那里学到的法要，再传授给他的五百位弟子，这样就形成了"阿毗达摩"的传承。

有三种"阿毗达摩"的教法，第一种是详尽法，这是佛陀教导诸天人的方法；第二种是简略法，是佛陀教导沙利子的方法；第三种是中等法，就是沙利子长老教导他弟子的方法。所以说，"阿毗达摩"是佛陀所说，但是我们现在看到的"阿毗达摩"，是沙利子长老对佛陀教导的诠释和发挥。我们既不能把"阿毗达摩"直接说成是佛陀所说的一字不漏的法，它毕竟还有沙利子尊者对佛陀所讲到的法要的解释。

每当我步入壮丽的山寺大厅，我都会非常激动，会感到丝丝的凉意，呼吸也变得很舒服。我能感知到所谓清风拂面的感觉，这种清风似乎只存在于金山寺的大厅里，我经常会奇怪为什么这种风是如此的清凉宁静，而于寺院不远处就是繁忙的车流、人潮与让人难以忍受的滚滚热浪。在我看来，在世界上的任何一个地方，有寺庙的地方就是天堂。

每次到金山寺，我都会遇到一个女子，她的头发被剃掉了，穿着白衣服，她是在寺院里修行的泰国妇女，每当她看到我的时候，都会带着微笑，这种微笑就如我们在佛像脸上看到的微笑一样让人心旷神怡。比丘尼的法脉在南传佛教体系中已经中断了好几个世纪了，所以在寺院里修行的女性被叫做持戒女，她们往往在寺院里负责做饭、购物、种花，以及照料像我一样的世俗之人。这些世俗的居士们常会来寺庙学习佛法。后来，我才得知泰国有关部门正在努力提高这些持戒女的地位。

这位持戒女在我每次到金山寺的时候都会给我送上一杯水，我到寺院通常都要等我的老师几分钟，因为他一直在指导那两个年轻人记录巴利文经典唱颂的录音磁带。那些巴利文的唱颂非常优美。巴利文是古代印度的一种语

冥想者日记 A Meditator's Diary

言,是佛陀时代摩揭陀国一带的大众语,所以弟子们也用这种语言记录他的经教。巴利文虽然早已不通用了,但它靠着佛经而得以留存了下来。

这些磁带里记录的唱颂,往往伴随着美妙的音乐和鼓声,在我等老师的时候,我经常会想到佛。对于西方人来说,我们很难理解佛其实是一个人,他不是一个神,他不是创造者也不是裁定者,他拥有无尽的智慧。释迦牟尼认为,一个人的吉凶祸福、成败荣辱,取决于自己行为的善恶与努力与否。没有一个人可以提拔我上天堂,也没有一个人可以把我推入地狱。赞美与讴歌不能离苦得乐,只有脚踏实地去修心养性,才能使自己的人格得到净化和升华,使自己享受到心安理得的快乐。

而西方人理解的宗教的教主是以超人的"神"格自居的。这个神能够呼风唤雨、点石成金;他主宰着人类的吉凶祸福,也操纵着万物的生死荣辱。人类只有匍匐在他的面前,赞美与讴歌,把一切成功与荣耀归于万能的神并信奉他,才能上天堂。而反对他的只能堕入地狱,绝无抗辩申诉的余地。

了解了佛的这些特性,我非常高兴,我知道佛是知道一切宇宙真相的老师。他生活在2500年前,他并不把他的任何思想强加给我或者其他人,他也不会因为我做错了什么而惩罚我。佛并不能决定我将上天堂还是下地狱,如果我放弃学习佛法和禅修,损失的是我而不是佛。佛教经典一再强调说,如果一个人只是盲从地接受佛法是不够的,佛教的真理是看得见、摸得到、可修(实践)可证(检验)的,所以佛教反对盲从,更反对迷信。

佛教的这种特点给了我自由的感觉。很多西方人以为,对于佛教徒而言,佛就是一个神,是应该被各种仪式所崇拜起来的偶像。持这种观点都因为他们对佛法的原理有很深的误解。

只要通过学习与实践,佛教的真理是每一个人都可以掌握的。我的老师是一个泰国中年人,他曾用很多年的时间来学习佛法。每次上课的时候,我都带着笔记本,将他讲的佛法内容记录下来。我的老师有一张圆圆的脸,他的眼睛很睿智。他给我讲授乔达摩·悉达多——这个印度王子所阐述的教理,以及佛教对人生真相的理解。

冥想者日记 A Meditator's Diary

最初我很难理解老师所解释的关于轮回的各种去处。老师告诉我说,一个人依据阅历的不同,可以在三十多种不同的区域轮回。他告诉我说这三十多种区域有一些是人们能看到的,比如畜生道或者人道,但我们是看不到另外那些道的众生的。老师进一步向我解释说:

如果以人为标准,有几种轮回的处所是比人低的,比如畜生道、饿鬼道、地狱道。阿修罗道虽为善道,但因其德不及天,故曰非天;以其苦道,尚甚于人,故有时被列入三恶道中。阿修罗道与前三种道合被称为四恶道。他还告诉我,有的时候,饿鬼道的众生也能让人们看到他们。而如果一个人能够让自己的各种感觉得以发展的话,他也能看到更多其他道的众生。天道的众生则比人的福报要大。老师告诉我,天界依次向上,有欲界天、色界天、无色界天,共二十八层。其中欲界天有六层,色界天有十八层,无色界天有四层。

二十八天中,只有欲界的四王天与忉利天,因依须弥山的地界而居，故称"地居天"。夜摩天以上，都是凌空而处，故名"空居天"。

第一，四天王天（修中之下品十善则生其中）；第二，忉利天又名三十三天（修中之中品善则生其中）；第三，夜摩天（修中之上品十善则生品十其中）；第四，兜率天或兜率陀天（修上之下品十善发愿行慈则生其中）；第五，化乐天（修上之中品十善则生其中）；第六，他化自在天（威力自在故称为魔王修上上品十善则生其中）。六欲天的天神和人间一样，有身体形象，并有物质生活的需求与精神生活的享乐，尚且沉溺于饮食男女的欲望之中，因此被称为欲界。欲界除六欲天之外还包括人界的四大部洲、阿修罗，以及畜生、饿鬼、地狱等五趣。

色界有四禅合十八天：初禅（梵众天、梵辅天、大梵天）；第二禅（少光天、无量光天、光音天）；第三禅（少净天、无量净天、遍净天）；第四禅（福生天、福爱天、广果天、无极天，此四天是凡夫。无烦恼天、无热天、善见天、善现天、色

冥想者日记 A Meditator's Diary

究竟天。从无烦恼天以后五天是阿那含人。依第四禅修五品动禅生五天中，名五净居天）。色界的天神虽然没有财、色、名、食、睡等欲望，但还有殊胜的形色、精神上的爱情、国家的形态、社会的组织等，此天以禅悦法喜为食，因此被称为色界。

无色界有四天：空处天、识处天、无处有处天、非想非非想天（凡夫尔时谓心都尽，名为涅槃，圣者以理集之。恒无粗想。由有细想具足四心。是以更施后句情理合说故，曰非想非非想天。寿命八万大劫。此三界中最上，名曰有顶，亦名第一有也）。无色界的天神已经完全超越男女饮食、身体形质的障碍，不执着于任何的形色，只有纯粹精神的存在，和色界一样以禅悦法喜及识为美食。

三界二十八天的果报虽然各有优劣、苦乐等差别，都属于迷界，仍然难脱生死轮回之苦。

这些关于其他世界的知识，让我感到有些迷惑，但这却是佛教的基础内容。佛教徒对于一神论不以为然，因为对于佛教徒来说，根本就没有神，佛教的无神论主要是基于诸法从因缘所生的现象，说明众生是由业力感得的果报。每一众生，各自造业、个别受报，而许多众生，于往昔生中，曾造无量业；同类的业因感同类的果报，出生于相同的环境，这就是佛说"众生无尽、世界无穷，一切都是众生自作自受"的原因。

我们的世界属于太阳系的范围之内，是由地球人类及生于此界的其他众生，受往昔的共业所感而成，并不如一神论者所说，是由神创造而来。

佛教徒认为，对于神的认识及神的需求，实际上是因人的需要而有。全知的一神不是真的，但不能说他即等于无神，对信的人而言，他是有的；对于被信仰的神而言，他可能是大力的鬼神，大福德的主神，或来自于他方世界的天神。他们不只有一个，因此，一神教的信仰者内部就有分裂，对于一神的形象、理解和感受都不一样，因人而异、因地而异、因时而异。因此，一神信仰，其实是多神信仰的升格。

佛教的无神，并不否定多神、二神，乃至于一神的信仰和作用，只是把它们当做众生的类别。在泰国的佛

冥想者日记 A Meditator's Diary

教徒看来，其他宗教的神也都很伟大。但泰国的佛教徒从不认为进入基督教所追求的那种天堂就是终极的目标，他们的最高目标是斩断轮回，因为轮回是一切痛苦的根源。所以佛教徒最终所追求的是涅槃，只有这样，人们才能从轮回中解脱出来。涅槃只能被亲身所证的圣人们完全理解。尚未证悟涅槃的人们至少应当知道它的三个特点。涅槃是常，即"不生、不长的非缘生法"，不是因缘和合而生的，无条件存在的涅槃是乐，即由于此处无诸苦，涅槃无我就是指涅槃不为我所有、不是我，也不是我的自我，在我里面没有涅槃，在涅槃里也没有我。不能把"入灭"、"般涅槃"、"取涅槃"理解为进入了某个被称为涅槃的地方或境界。涅槃并无来、去、进、出这些概念。

我的老师告诉我说，即便一个人升到了天道，他有很多幸福的生活可过，但他依然不能逃脱轮回，在福报享完之后，他依然还要坠入其他轮回的地方。

大多数众生都在持续的轮回中，从生到死，从死到生，生生死死辗转不断，假如一个人做了很多好事，积累了很多善业，他就可能投生天道，或者投生在人道中的富贵人家；假如做了很多恶业，那么他就可能投生到穷人家，或者投生到更低的生命层次，比如饿鬼道和畜生道。

金山寺的这位学者向我解释，佛教其实是一种生活的道路，每一个在社会中的人，如果都按照佛教的原则做到五戒，也就是戒除掉"杀、盗、淫、妄、酒"这五种行为，那么他就能够得到平和的生活。老师指出：

> 看起来，杀、盗、淫、妄、酒的五条戒，是最普通、最简单的事，但要仔细研究了五戒的内容之后，便知道，这并不如一般人所想象的那么简单和轻松。如果人人受持五戒，那么人类就可以和乐相处，一切众生可解除人为的灾祸。佛陀制戒的目的，是希望佛弟子们能够如法持戒，如法持戒就能够达到净化社会、净化人心的目的。守持五戒，实含有无限悲心，这是推己及人而及于一切众生的同情心，因为不忍自己被人杀害，所以知道他人乃至一切众生，都有不忍自己被杀害之心，故有不杀生戒，所以佛陀制戒，都有一定的因缘，但它不离止恶与行善的悲心。

如果佛教的五戒能普及到社会，人人奉行五戒十善，社会自然安宁，不会有凶杀、强盗、欺诈等案件的发生。目前的人类世界，可以说人人都是生活于恐惧之中，除了时时担心着第三次世界大战的爆发以外，我们在报纸上天天看到人间悲剧的报道，那无非是名利财色在作祟，而演出的种种罪恶，那些罪恶的类别，又皆不出杀盗淫妄的范围。因此，人类安全，虽有法律的保障，法律只能是事后制裁，却不能防患于未然。要杀人的，要偷盗的，要奸淫的，要欺骗的，依然我行我素。生活于世界中的人，谁也没有把握绝对不受杀盗淫妄等灾祸的威胁。这样守五戒，只是消极的戒恶。消极的戒恶不是佛法的究竟意义，所以进一步鼓励人积极为善。正因如此，要提倡五戒的受持，如果多一人受持五戒，便为人类社会减少一分制造灾祸的威胁，人人受持五戒，世界便是人间净土了。最重要的是佛教的五戒还能够扩大同情心，受持五戒可施一切众生以无畏，比如，有的宗教教的不杀，只是不杀人，而不戒杀动物，而佛教的不杀，不只是不杀人，而且是不伤害一切动物。不仅身不去做杀的行为，连心也不能动念去杀，这是世间法律及宗教所不及的。具体说来：

不杀生戒

佛教以慈悲为主，慈悲就是有恻隐之心，不忍杀害众生，应该与佛陀一样有同等的慈悲心。佛教的基本观念是众生平等。佛说众生皆具佛性，皆可成佛。佛所说的众生，不单是指人，而是胎卵湿化、四生之属皆包括在内。因此杀生戒不单是不伤害人的性命，进而亦不得伤害畜生虫蚁的性命。不但戒直接的杀害，并戒杀因杀缘；如渔猎者为直接杀害，而贩卖猎具渔网者亦为间接的助杀。佛说不杀生有十种利益：一、于诸众生，普施无畏。二、常于众生，起大慈悲；三、永断一切嗔恚习气。四、身常无病。五、寿命长远。六、恒为非人所守护。七、常无噩梦，寝觉快乐。八、灭除怨结，众怨自解。九、无恶道怖。十、命终生天。

冥想者日记　A Meditator's Diary

不偷盗戒

佛法与世法，为什么把偷盗一事看得这样重要？因为人的本性，由无始无明，有贪的习惯，对于金银珠宝财物，都是极为看重并喜爱的。佛经说："不与而取谓之盗。"擅自把人家的财物占为己有，就是盗了。凡是不属于我们自己的财物，纵然仅是一丝一毫，也绝对不随便去拿取，应该从事各种正当的事业，凭着我们的血汗，通过劳动换取报酬，才是正当的。不劳而获和偷盗的行为并没有差别。社会上的偷盗，有直接、有间接，有有形、有无形，例如小偷窃取，强盗抢劫，是直接的盗；贪官污吏的贪污舞弊是间接的盗；勒索诈欺、抵赖债务，是有形的盗；假公济私、浑水摸鱼是无形的盗。总之，不与而取，或以不正当的手段获得的财物，都叫做盗。佛说不偷盗也有十种利益：一、资财盈积，王贼水火，及非爱子，不能散灭。二、多人爱念。三、人不欺负。四、十方赞美。五、不受损害。六、善名流布。七、处众无畏。八、财命色力安乐，辩才具足无缺。九、常怀施意。十、命终生天。

佛教的不偷盗戒，就是让我们要去掉贪念，少欲知足，因为知足就会常乐，自然就不会犯偷盗的错了。如果人人养成不偷的美德，社会治安自然很好，大家出门就很安全，生命和财产也都有保障了。

不邪淫戒

佛门四众弟子，有出家、在家之分，出家者根本戒淫，在家者只是戒邪淫。所谓邪淫，是指正式配偶之外的交合，及非时、非处的交合。此外，凡足以为邪淫因缘的，如舞榭歌场、娼寮妓院亦禁止涉足。佛说如离邪淫，亦有如下数种利益：一、诸根调顺。二、永离喧掉。三、世所称叹。四、安莫能侵。站在世俗角度来说是为了家庭的幸福，夫妇之间应当互相敬爱，互相尊重。从社会角度来说，男女的结合，必须遵守国家的法律与社会的公德，如果没有遵守法律与公德，那么，这个家庭可能就会生事端，也会给社会制造麻烦。现代家庭的不和睦，往往都是由于不正常的男女关系而来。譬如"男人金屋藏娇，女人红杏出墙"等，都是由于邪淫引起，严重的会演变成家破人亡。由此可知，淫欲的祸患很大，所有有智慧之人，都远离淫欲如避火坑。所以，在佛教的戒律中，允许在家佛教徒夫妻之间正常的生活。只要人人守持不邪淫戒，那么世界自然和平安宁。

不妄语戒

也就是守口业。佛教徒要培养自己高尚的人格，一个人的言谈，关系一生的信誉，所以我们与人相处，要以诚信为基础，说话必须心口一致。让人家相信我们，而且要多赞叹人家，鼓励人家。如果一人老是爱撒谎，没有信用，那么谁还会相信他？因此，不得不慎防口业。佛教的妄语戒除了有其特定的意义外，更重视诚实为人的道理。妄语到头来只是伤身败德。害了自己，苦了他人，毫无利益。未见言见，见言不见，虚伪夸张，藉辞掩饰，皆为妄语。妄语不但欺人，而且自欺。佛说若离妄语，有下列诸种利益：一、口常清净，优钵花香。二、为诸世间之所调伏。三、发言成证，人天敬爱。四、常以爱语安慰众生。五、得胜意乐，三业清净。六、言无误失。七、发言尊重，人天奉行。八、智慧殊胜，无能制服。

不饮酒戒

酒会乱性，使人失去理智，糊里糊涂。一旦酒精中毒，往往还会导致生命危险。由于饮酒而导致的犯罪很多，如酒后驾车而出事故，酒后无德而打架斗殴等现象屡见不鲜，都是由于饮酒而造成的。有人以为以净财沽酒而饮，无损于人，为何也列为戒条？殊不知酒能乱性，人间许多罪恶，莫不以酒为媒介。《四分律》载饮酒有十过三十六失，如坏颜色、无威仪、损名誉、失智慧、致病、耗财、无耻、不敬、坠车、落水，等等。智者举一而反三，由此可知酒之为害了。饮酒虽然不是犯罪，但是容易使人去犯罪。

五戒之中杀盗淫妄为根本，饮酒戒属于遮戒，酒本身没有罪恶，很多人认为酒是米做的，酒不是荤。为什么不能饮酒呢？因为酒能乱性，阻碍定力的产生，而且许多坏事、恶事，都是由饮酒而起。从古到

冥想者日记　A Meditator's Diary

今，人间的悲剧，饮酒造成的罪业，又都不出杀盗淫妄的范围。

五戒是远离一切恶法，生长一切善法的基础，严持五戒，即为得一切戒的根本，证得一切无漏功德和圣果的依处。戒是佛陀从大悲心中流露出来净化人身心的甘露，是佛弟子求得出离的根本保障。五戒是通往人天的护照。五戒是做人的准则，若能受持五戒，则能保住人身不失。世间最大的利益，莫过于学佛了生死，我们要想成就这样善法，就必须要持戒。世出世间善法的生起，都要以持戒为基础。受持五戒，能远离修习善法的障碍，具足增长善法的顺缘。一个持戒的人，即使没有地位财富，他的名声也能传播到遥远的地方，受到天人的尊重。

受持五戒是人道的根本，持戒清净者能获得十种利益：1. 满足一切智。2. 如佛所学而学。3. 智者不毁。4. 不退誓愿。5. 安住于行。6. 弃舍生死。7. 慕乐涅药。8. 得无缠心。9. 得胜三昧。10. 不乏信财。此外，如果人们不杀生且护生，自然能获得健康长寿；不偷盗而布施，自然能发财享受富贵；不邪淫而尊重他人的名节，自然家庭和谐美满；不妄语而赞叹他人，自然能获得善名美誉；不喝酒而远离毒品的诱惑，自然身体健康，智慧清明。所以，受持五戒，现世可以免除苦恼、恐怖，可以获得身心的自由、平安、和谐、快乐；将来可以免堕三恶道，得人天果报，乃至成佛。受持五戒，如同在福田里播了种，纵使不求，自然有许多利益加身，也自然享有无尽的功德善果。

老师告诉我说生活就是一场战斗，因为生活中我们是无法回避因果报应的，无论我们做什么、说什么、想什么，也就是说身语意三方面，无论我们造做什么，都会产生好的结果或者坏的果报，果报和我们造业的动机以及严重性有很大的关系，比如一个人主动做好事比他在迫不得已的情况下做好事的功德要大一些。而如果我们杀死一个蚊子，其恶果比我们杀死一个人要小。

每个人在社会上所处的地位都是他以往的行为的果报，每个人甚至每个人生活的国家的贫富，也跟这个国家人们以往的行为有关。所有这些理论听起来都是比较容易理解和有逻辑的，但我却感到有些迷惑，我的确不知道怎

冥想者日记　A Meditator's Diary

样才能斩断轮回。事实上，我对因果报应还是有一些怀疑的。根据因果报应，一个人要为他自己所做的任何事情承担责任，也许是今生，也许是来生，但是业力真的能够决定我们的未来吗？

我头脑中对老师的讲法有一些怀疑，因为我的确看到很多不诚实、不公正、不仁慈的人却成为拥有巨大声望和财富的领导者。他们寿命很长，健康状况也不错，他们看起来也没有为他们的恶业付出什么代价。

老师则告诉我，因果循环报应规律有三种形式：一是现报，现做善恶之报，现受苦乐之报；二是生报，或前生作业今生报，或今生作业来生报；三是速报，眼前作业，眼下受报。

现报

就是今世作业今世得报应。今世报有福报，也有祸报。这种报应有的报在早年，有的报在中年，有的报在晚年。从福报上看，有的人一生做好事并没有得什么好处，这是因他上一辈干了坏事，这一辈因他行善积德，才能抵消前世的罪孽，又因善事做多了，前世罪孽抵消了，所以有中年得福报和晚年得福报的区别。早年得福报，一个是前世行善积德，或前世罪孽不多，这辈子行善积德多，很快就抵消了前世的罪孽，所以就得早报。祸报也有早年报、中年报、晚年报三个阶段。如有的人本来前世就有孽，今生又不行善积德，继续干坏事，如偷盗、抢劫、坑害别人、诈骗钱、嫉贤妒能、忘恩负义……结果在青年时期就受法律的惩罚，或者生大病，或者受伤致残……有的人，因前世做了好事，就像在银行存了款一样，还未用完，今生所做的坏事与前世所做的好事慢慢抵消，如果中年抵消了还不停止作恶，所以中年就得恶报。有的人，青年、中年都很好，结果到了晚年，不是家中其他人遭灾就是光留着自己孤老病重，无吃无穿，无人照管；或者是等到老来伤残、坐牢、被判刑等祸报，其道理和中年得祸报一样。

生报

就是前生作孽今生报，今生作孽下世报。这种因果报应，同样分福报和祸报。有的人前世行了善、

冥想者日记 A Meditator's Diary

积了德,犹如在银行存的款还未用完,就转到今生来用,所以今生享福。如他今生享福的同时仍行善积德,福报就会像银行存款一样越来越多,利息也越来越多,故下一世仍然是享福之人。有的人,上世作的恶太多,或者老来作恶,当世清算不完,这一世就苦。如某人对前世的恶、后世的苦认识不到,继续作恶,那他下一世还要继续受苦。

速报

就是报应来得快。例如,昨天做坏事,今日遭恶报;上午做坏事,下午遭恶报;或者九点做坏事,十点就遭恶报。因果报应不只是恶报,福报也如此,只要你做了善事,同样得速报。速报有两种情况,一种是此人上世作的恶,这一世还未了结,而他变本加厉,干了更加伤天害理、惨无人道之事,如杀人放火、行窃抢劫、暗害别人、贩毒吸毒、卖假酒假药、毒害群众、行贿贪污、诈骗钱财……所以,有的人被押上历史审判台,有的人被判刑,有的人被枪决,有的人或者遭祸而伤残或死亡得速报。关于行善积德得福报速报的事例很多。

为什么有的人会认为，行善积德的人却没得到福报，干坏事的人却没得到恶报？究其原因，他们不懂得人的命运是由自己造就，以及因果循环报应的道理。任何事的发生，都有其因果关系。虽然有的人做了不少好事却没有得福报，那是因为上一世欠的债没有还清，所做的好事还不能完全抵消上一世的罪孽。有的人干了坏事却没有得恶报，也是由于上世做的好事像银行存的款一样，还未用完。

像其他佛教徒一样，我的老师坚信因果报应不可避免，他用美国人做例子讲法。他说，肯尼迪总统之所以遭遇被刺杀的噩运，很可能是因为他在承受他很多世前所做的坏事的恶果。而洛克菲勒之所以能够发现石油，很可能是因为他的前生做了好多好事，所以这一生得到了好报。

我问老师，如果因果报应是不可避免的，那么一个人，特别是一个坏人，如果他干了很多坏事，谋杀、盗窃、欺骗、欺诈，那么他就应该承受自己的恶业。但是，如果他能够通过对佛教的学习而获得拯救，这是否意味着他以前的恶业就会消失？

冥想者日记 A Meditator's Diary

我的老师告诉我说,理解佛陀的教法需要花很长的时间,也需要有正确的信念。要知道,在这个世界上有处于畜生道的众生,有百万富翁,有处于天道的众生,也有国王,但是他们共同的特征就是无常。没有什么是长久的,一切都是不可控的,不管一个人喜欢还是不喜欢,愿意还是不愿意,所有人都会承受痛苦和不幸。无常会给人们带来痛苦和不幸,我对这一点能够有比较好的理解。然后,我的老师告诉我说,因为每件事情都在不停地发生变化,包括我们自己,所以根本就没有恒定的我或者自我存在。我发现自己是一个外国人,我真的很难理解这个概念。我想不通这些理论,直到有一天我在亚历山大格雷沃德(音)的书里看到了一些解释,然后我把它记到了我的笔记本里。

亚历山大格雷沃德指出,佛法不认为任何事物,无论是动物、人还是神是永久的。每一个现象都是不同元素的组合,他们或者是精神的,或者是物质的。当这些元素开始分解的时候,这个物体也就不存在了。宇宙中的一切现象,都是此生彼生、此灭彼灭的互相依存的关系,其间没有恒常的存在。所以任何现象，它的性质都是无常的，表现为刹那生灭。

佛经中说"诸行无常，是生灭法"就是这个意思。"诸行"，就是指一切事物或一切现象。"行"是迁流变动的意思。一切现象都是迁流变动的，所以叫做"行"。这个字本身就包含了无常的意义。"生灭"二字，实际上包括"生、异、灭"三字或"生、住、异、灭"四字。这里的每个字都表示一种相状：一个现象的生起叫做"生"；当它存在着作用的时候，叫做"住"；虽有作用而同时也在变异，叫做"异"；某种现象被消灭叫做"灭"。

刹那是极短的时间，佛经中说，弹一下指头的时间有六十刹那。刹那生灭，就是一刹那中具足生、住、异、灭。有人问，一个人的寿命一般有几十年，怎么是刹那生灭呢？佛教把人的一生从生到死叫做一期，一期是由一个刹那又一个刹那相续而成的。对一个人的整体来说，他有一期的生住异灭，即生、老、病、死，但从他的各部分组成来说，则是刹那刹那的生住异灭。佛经说人的身体每12年就会全部换一次。一个物体的生住异灭，一个世界的成住坏空，实际都

冥想者日记　A Meditator's Diary

是刹那生灭的相续存在。按照佛教的教义，一切现象没有不是刹那生灭的。佛教认为把主张"有常恒不变的事物"的见解叫做"常见"是错误的。

无常的问题似乎解决了，但我发现我对其他的概念，比如苦、轮回，等等，还是比较迷惑。这位金山寺的学者向我解释说，佛告诉我们，痛苦来源于贪嗔痴，如果我们能够消灭贪嗔痴，那我们就能够减少痛苦。我的老师给我举例说，如果我们能够消灭贪，也就是对外物的欲望，我们并不会丢掉什么，而且我们还会得到平静和幸福。相反，如果我们执着于这种对外界的贪着，那么我们就会在不幸和痛苦中不停地轮回。

佛告诉我们，如果我们能够不再制造这些痛苦的因素，消灭这些制造痛苦的来源，那么我们就会从轮回的循环中解脱出来，就不会再承受痛苦了。这种从痛苦中彻底解脱的状态，绝对自由的状态，就是涅槃。这些概念让我感到迷惑。我以前听一些人给我解释说，轮回就是一种精神活动，比如，当一个人情绪特别不好的时候，那么他就处于地狱，如果他情绪特别好，那他就处在天堂。但对于大多数的佛教徒来说，轮回的概念似乎不只是心理上的，而是确确实实存在的,他们相信前生和后世。

这种轮回的概念让我有些迷惑,我特别想知道,如果一个人的肉体已经死了,那是什么在轮回?也就是说,承受业报的主体是什么?是能量吗?是一个人的灵魂,或者是一个人肉体的能量吗?是肉体本身在轮回,还是能量本身在轮回?或者是一个人的心肝肺的影子在轮回?一个能够在许多生中承受业力的轮回的主体需要多少能量呢?它能够被探测吗?我知道美国空军用红外线雷达来探测目标,一个人轮回所需要的能量能够被雷达探测出来吗?这样的能量在人的肉体已经死亡之后,还能存在多久呢?在现代技术和古代理论之间,我感到非常非常迷惑。究竟是什么在一个人死后还能够承受业报呢?我的确不知道,一个流行的回答是:业力持续,无始无终。

我知道这种概念和西方的概念不同,西方人认为,一个人的生命大约只有70年,20世纪普通的美国人认为人只能活这一辈子,所以在这一辈子里要做尽可能多的事情,让自己尽可能的快乐;但是对于佛教徒来说,他们却不这样想,他们相信,有许许多多世的生命,因此他们主要的目标是从生命的轮回中解脱出来。也可能是因为佛教徒相

冥想者日记 A Meditator's Diary

信生命的无始无终，所以他们才更加注重活在当下。

我的老师告诉我说，要活在当下，我们必须警惕任何坏的思想和坏的行为。我们要警醒自己那个"要活在当下"的念头，并以正确的心活在当下，如果造业，也要让自己任何一刻造作的业尽量是善业。这样，我们就会逐渐接近生命的真相。

我觉得无常的概念和活在当下的理论有一些矛盾，但我也不能确切地说出这个矛盾到底是什么。直到后来，当我在泰国北部修习内观禅修的时候，才体会到活在当下、忘记过去，也不担忧未来的感觉是什么。对于佛法课，我经常发现自己处于一知半解的状态。有一天，我的老师引导我进入了一个愉快的领域，我的老师告诉我，一个人了解世界的方式是通过他的五种感觉——眼、耳、鼻、舌、身，亦即视觉、听觉、嗅觉、味觉、触觉。

我对此表示认同，然后我的老师问我说，如果一个人能够让自己的眼、耳、鼻、舌、身比一般的人更加灵敏，或者说能够发展出其他的感觉系统，你认为他是不是能够看到他以前看不到的世界呢？肯定的回答自然符合逻辑了。然后，我的老师告诉我说，如果一个人有其他的感觉，或者他的感觉更加灵敏，那他就能够感知到他以前从眼、耳、鼻、舌、身所感知到的不同的现象。于是，我明白一个人能了解的世界是非常有限的，因为他的感觉能力是有限的。所以，他就不可能认识到宇宙的真相。既然一个人认识不到宇宙的真相，那他怎么能够知道自我是否是真实存在的呢？

于是，我在笔记本上写到，假如一个人的身体是在持续发生变化的，他的念头也是一个接着一个不断生灭的，那我的存在无疑就不是长久和恒定的。如果组成我的各种元素每时每刻都在不停变化，那我也是在不停变化的。

我的老师告诉我说，佛教导我们，我们能够通过禅修的训练消灭痛苦，也能够通过禅修的训练来生发智慧，消灭贪嗔痴；同时，禅修也能够让我们发现本来就存在于我们每个人内心的智慧。这些思想看起来的确很难理解。佛法告诉我们不应该执着于任何事情，包括我执和法执都要破除。那么一个人，怎么能够在努力破除我执和法执的同时发现真理呢？我真的有些迷

冥想者日记　A Meditator's Diary

惑。老师告诉我，所谓"我执"，是对虚幻不实、五蕴和合的身心产生执着，固执地认为这个身心是能由自己自在主宰的实我；由本来我中妄生执着，处处以我为中心，便产生了种种烦恼；"法执"是执着于一切诸法，以为实有，不知一切事物都是随着客观条件的变化而变化的。所谓"诸法因缘生，诸法因缘灭。"由于执着于"我"，便成烦恼障，招感六道流转的分段生死。由于执着于"法"，便成所知障，招感三界的变易生死。所以，学佛就是要化除这两种执着。

但什么样的禅修方法能够使我，使我的五种感觉——眼、耳、鼻、舌、身都得到发展；能够让我破除"我执"和"法执"；也让我更清楚地看到世界的真相呢？

佛教理论告诉我，答案并不在书本里，也不在老师的课程里，除非自己通过信解行证才能获得真实的智慧。

金山寺的老师告诉我说，消灭贪嗔痴这些痛苦根源的方法之一是练习内观禅。直到今天，我一直都在学三摩地禅。

我不知道这两种禅修方法有何不同。我非常好奇如何通过禅修来消灭自己的贪嗔痴。第二天晚上，当我在王宫寺进行禅修练习的时候，我突然有了不一样的体验。

第 4 章

消灭了嗔恨,就能得到愉悦

> 人们对世界的欲望
> 导致他们生活在痛苦与迷幻之中。
>
> —— 八部咔哒《佛陀的教法》

今晚，当我进入方丈这间友善的禅堂时，我能够清楚地闻到茉莉花的香味以及供给佛陀的佛香的香气，它们和热带的空气混合在一起形成了独特的气息。禅堂很暗，只有摇曳的烛光在佛坛前闪亮，透过烛光可以看到佛像前摆放了许多花朵，这些花是信徒用来供养佛的。

摇曳的烛光更显出佛像的宁静。我们头顶的电扇一如既往地摇动着，穿着僧袍的方丈如同佛一样坐在佛坛前。灯光下，他古铜色的皮肤以及僧袍似乎融为了一体，看起来似乎化成了一个如佛像一般的铜雕。方丈提示我们，今天要集中意念于"禅修的主题"。往常，他的提示都是让我们集中意念观察呼吸，但今天的提示有所不同。我有点迷惑，"禅修的主题"到底是什么呢？

在想了一会儿之后，我忽然记起我在佛使比丘的书中看到，一个人在禅修的时候，可以集中观察他的性格特征，让他的某种个性格特征成为禅修的主题。我记起佛使比丘在著作中指出，禅修者可以通过禅修来控制这些性格特征，最后让一些不好的性格特征，比如贪嗔痴慢疑以及盲从消失。于是，我分析自己的内心，确信自己性格特征中最严重的问题是嗔恨心太重。我经常被愤怒搞得睡不着

冥想者日记　A Meditator's Diary

觉，心情不好，甚至头疼。在我的笔记本里，我记下了佛使比丘关于嗔恨类型的人在禅修与生活中的注意点：

佛使比丘说，嗔恨心强的人会特别容易生气，不能控制自己，有时候甚至在没有原因的时候发火。这种人应该特别注意保持生活环境的整洁，应该让自己所住的房屋保持井井有条，使用的家具应该及时清洁，特别是衣服也应该经常洗。如果一个比丘嗔恨心强，那么这个比丘就应该选择一个洁净的村庄去寻求布施。对于嗔恨心比较强的人而言，洁净的环境将有助于控制他不好的心情。对于颜色而言，嗔恨心强的人最好生活在色调比较暗的环境中，这也有助于让他保持平静。

在氤氲的香气中，我坐下来，决定今天禅修时把意念集中于嗔恨，但我的确还不知道具体该怎么做。我决定还是先从数息做起，我让自己安静下来，然后开始观察呼吸。当我越来越清晰地意识到呼吸的时候，像通常一样，以往那个相又开始出现了，它出现在我的鼻子前，变成蓝色。这种美丽的蓝色，光闪闪的，然后它的颜色又开始改变，后来又变成了一个洞，我持续我的呼吸，并不执着于它。突然间，我发现这个洞变成了一个圆环，然后这个圆环开始和我的心脏一起跳动，接着这个圆环开始变成了心形，这个心形越来越大，与我的脉搏同步跳动。

我的心每跳一次，这个心形的相也跳一次。于是，我开始观察这个心形的相。我突然记起老师的要求：不执着，于是我又将意念集中于自己的呼吸。但我还是看到，这个相变得非常像一颗心。过了一小会儿，这个"心"的颜色发生了改变，从明亮的蓝色变成了棕色，"心"上也开始出现一个棕色的洞，这个洞不断变黑、变暗，似乎把"心"打开了一个缺口。透过这个缺口，我能看到"心"里有泥浆似的棕色物质。这个"心"依然还在跳动，但他似乎不能承受里面棕色"泥浆"的挤压。这些棕色的"泥浆"似乎很想逃脱出来，这个"心"似乎都快被挤碎了。突然，在巨大的压力下，这个"心"的环形打开了，从这个洞里涌出了大量泥浆状的物质，并被抛向了远方。现在，我感到"心"自由了，它又变成一个正常的心，开始和我的心一样跳动。

这个心似乎离我很远，我不能确认，它是不是我的心，但他肯定是一颗人类的心，我也不想执着于这颗

冥想者日记　A Meditator's Diary

"心"。然而,我对它确实感兴趣,与此同时,我也能够清晰地感受到自己的呼吸。就在这一刻,这个心突然又变成蓝的,变得非常完整,跳得非常缓慢,这个"心"的外环渐渐地收缩了。我知道这次神秘的禅修旅程也结束了。

今夜,我努力地掌握自己的呼吸,并没有强迫自己去关注那个相,但当我睁开眼睛的时候,方丈已经走了。只有两个和我一样世俗的禅修者,依然在微弱的烛光下打坐。

我突然感到一种前所未有的自由,从万物中完全解脱的感觉从内心升起,我以前从来没有过这种感觉。我回想起这个晚上,我首次把禅修主题集中于嗔恨。而通常,我的禅修是集中意念观察呼吸。我以前从没感受过今晚这样的自由,于是我开始努力回想一个人的名字,这个人的名字让我非常痛恨。在曾经的过往里,他深深地伤害过我,但是现在,我却对他没有任何痛恨的感觉。

我想了一会儿,还是没有痛恨的感觉,我又想起他采用各种手段伤害我以及其他人的方式,但是我依然没有痛恨的感觉。不过,当我离开方丈的禅堂穿上拖鞋的时候,我突然意识到自己很疲惫。

我在黑暗中沿着王宫寺的围墙慢慢地走动,寺庙的铃铛在风中发出清脆的声音,我听到了从僧人处传来的巴利文的诵经声,我知道他们是在做晚课。在我头顶,月亮的清辉洒在我的头上和寺庙的地板上,形成了非常美妙的图案。我欣赏着月光,似乎能够看到离王宫寺很远的金山寺,金山寺的塔顶也挂着这轮明月,月亮的清辉给我内心带来无比的宁静。

观察着这艺术般的夜晚,我想起了佛的教导,佛告诉我们,痛苦是由欲望引起的,如果我们能够消灭欲望,消灭头脑中的贪着,那我们的痛苦就会消失。我又想起了另外一个人,通常想起他,我就会感到非常厌恶,但现在我却对他没有任何负面的感觉。这就证明佛陀的教诲:嗔恨心是引起痛苦的原因,如果消灭了嗔恨,那我们就会减少痛苦,而禅修就是消灭嗔恨的一个很好的方法。

嗔恨心在我的心里存在了多少时间我不知道,但是现在我知道:消灭了它,我就能得到愉悦。回到房间,我感到非常疲惫，但又感受到了解脱的自由，这与我过往的感受不同，这是一种绝对的自由。

在禅修之后，我通常根本无法进食。今夜，我甚至连水都不想喝，我在我的笔记本上记下了这次经验，然后进入了睡眠之中。

第 5 章

抵达清迈，了然生命的不断轮回

> 西方人恐惧死亡，
>
> 他们尽力避免死亡，
>
> 在死亡来临的时候他们会感到非常不安，
>
> 但是东方人对死亡的态度则平和得多。
>
> —— 希尔《人类的灵魂》

当出租车沿着曼谷的街道行驶的时候，天还没有完全亮。我在赶去机场的路上，在那里，我将飞往泰国北部的清迈。当出租车沿着湄南河行驶的时候，我从车窗里巡视着自己生活了几个星期的这个城市——我看到了金山寺的塔，它在黎明的晨光中是那样的神圣和巍峨；我也看到了王宫寺，我在那里已经学习了几周的寂止禅；我也想起了我和很多佛教徒朋友的对话。虽然我经历了一些失望，感受到了一些恐惧，但就整体而言，在曼谷的生活是美妙的经历，这种生活神秘积极而又让我充满活力。

我知道自己已经被佛教和禅修深深地吸引了，我想学习更多这方面的知识、更多的概念，再做更多的实践。

在曼谷的这几周，我已经感受到自己这个决定的正确性：实地亲身体会和学习禅修与自己在美国家中看书的感觉是完全不一样的。一些曾经困扰我的问题已经得到了解决。

我已能自然地接受僧人们超脱的举止。我现在已经能够理解在我最初拜见王宫寺方丈的时候，为何他并不在意

冥想者日记 A Meditator's Diary

我供养的鲜花。我也了解了因为僧人不能够从女人手中接过任何东西,所以他没有直接领受我的花,我也知道他为什么没有对我说谢谢,因为向僧人做供养是为自己积功累德。我现在能熟练地向僧人合十顶礼,而且我也能够接受在我顶礼之后他们爱答不理的那种表情。

所有这些僧人超然的举止和我以前接触的人非常不同。但是我依然不知道怎样做到像他们这样超然,因为我依然有欲望、喜好,也有厌恶。我能清楚地知道自己性格中有一些问题会导致生活的痛苦,但我还没有办法超脱。我记起在金山寺的时候,我的老师告诉我说,僧人们通常不作画、不写小说、不作曲、不拍电影,因为所有这些活动,都会引发欲望。对我来说,我很难理解"写书也会引发欲望并带来恶果"这样的说法。在西方人看来,创作是一个值得鼓励的好事情,于是我跟老师争辩说,我就经常写书,我写的书能够让读者领会到他们所不知道的世界,从而使读者受益。但我的老师经过严密的逻辑分析,跟我说,即便我这么想,我写书的行为依然是跟欲望相连的。因此,写作就必然会产生后果,无论好的还是不好的。

我经常会想起我们那天的对话。尽管我还不十分清楚老师的逻辑,但无论如何,我同意创作确实是会带来痛苦的。就我个人的写作经验而言,这一点是毋庸置疑的。

作为美国人,我们生长在现代化的环境中,我们的文化氛围自由,强调参与并鼓励创造,因此我们的确很难理解佛教徒超然的思想,以及他们禅修的目的。我想也许正是因为东方和西方的文化差异,才使得我们之间的观念鸿沟很难弥合。

正是为了更好地体会和理解这些问题,所以我决定去清迈——一个泰国北部的城市——继续进行禅修,我了解到,那里有一间寺庙具有女性生活设施,也可以接受外国妇女驻寺禅修。

在曼谷,虽然我可以在一间寺院里每天禅修几小时,同时每天还在另外一间寺院里学习几小时,但我不能住在寺里,因而我对寺院的生活知之甚少。而在清迈,我可以在寺院里挂单,这样我就不再游离于僧团生活之外,而多少能成为僧团的一分子。

冥想者日记　A Meditator's Diary

早晨的空气透过出租车吹进来，带着浓重的茉莉花的香气。通过出租车的后视镜，我看到曼谷郊区大片大片的农田。出租车正沿着一条河行驶，初升的朝阳刚刚离开地平线，阳光洒满这条河，河里有很多尚未盛开的莲花，这些莲花非常好看。莲花是寺庙建筑上常见的装饰图案。河道里的莲花层层叠叠，看起来犹如经过了艺术家的精心雕琢。在河道里，我看到有几个男人正在水里工作，他们在采摘还没有完全盛开的莲花，这些花将被他们带到集市上销售给佛教徒，佛教徒会把这些莲花供养给僧人。

凉快的风、茉莉花的香气、美丽的荷花，这些都深深印在我的脑海里，我多想永远留住这个早晨啊！

很快，出租车离开了这条安静的河道，驶入了有着四条车道的高速公路。20分钟之后，我到了机场，作为第一个检票的顾客，我一个人坐在候机室的大厅里，打开笔记本开始记录今天的感受。但我的记录工作很快就被一群人的嘈杂声打断了。顺着声音看过去，一个老年僧人走进来，他旁边有一个年轻的小沙弥，大约十四五岁的样子。而在他们后面，有大约十几个泰国人，女人都穿着黑衣服，男人穿着白衣服，他们都戴着黑箍——这是参加葬礼的标志。他们坐在临近我的长椅上，然后开始交谈。

我大致听得出他们谈话的内容：这个老和尚是从泰国南部赶来参加一个亲属的葬礼的，现在他即将回到南部，小沙弥则是他的徒弟。既然这个老和尚有一个沙弥随身侍奉，那么他显然是一个比较资深的僧人，或者是南部某个寺院的主持。

当我看到这两个僧人拿着他们的机票时，我想起以前其实我没有看见僧人坐过飞机。的确，在泰国，僧人会乘公车或者出租车，但是很少看到他们开车，因为大多数泰国人都把为僧人提供交通服务作为一种积功累德的方式。因为僧人不能接触女人，所以在公车上和在出租车里，僧人们要么就坐在公车最后一排的宽座位上，要么就跟司机坐在一起。但是在飞机这样狭小的空间里，我很好奇他们怎么能避免跟女人坐邻座。

在这些穿着丧服的人们的谈话声中，我几乎没有听到任何哀伤的词汇。他们热烈地谈着旅行，谈着家族里的孩子，谈着曼谷国际机场的现代化。我意识到泰国人面对葬礼的感情和我们是不一样的。佛教徒并不把葬礼看成非常

冥想者日记　A Meditator's Diary

痛苦的事情，死对佛教徒来说并不是不可接受的，对佛教徒来说，死只是生命的一个历程。佛教徒的葬礼通常都非常平静，跟西方人不一样。佛教徒认为，生命是不断轮回的，这次的去世只是暂时离开。于是，在思考东方人和西方人面对死亡的不同态度之后，我在笔记本上写道：

西方人经常说生命是廉价的，是没有意义的，但是东方人不这样认为。东方人具有佛教的信仰，他们相信死只是肉体的消失，他们将有更新的生命。佛教徒并不会为死亡而感到不幸，但在泰国，很多人却害怕横死，因为当地有种观念，认为因暴力、产后出血，或交通事故等方式横死的灵魂，将可能会迷路，不能很快得以超生。

正是因为对这种横死的恐惧，许多泰国人的脖子上都挂着护身符，这些护身符经常是由僧人赠给他们的，他们相信这些护身符带有超自然的能力。观察美国士兵、泰国士兵以及老挝士兵在战争中的表现，我发现信仰佛教的士兵的最大恐惧并不是被敌人杀死，而是自己不得不杀死别人，他们认为自己会因为杀人而承受恶报，以至于轮回到恶道里。

对于西方人来说，死亡是痛苦的，所以西方人就设计了种种宗教仪式让人们能够接受死亡。佛教徒则认为生和死是同一的，死是生的一部分。当然，他们也按宗教仪式来组织葬礼，佛教徒的家族成员会在家人去世的时候表达出痛苦，但是佛教徒相信人们的生命是不断轮回的，因此一个人的去世只不过是暂时地离去。所以，对于佛教徒来说，死不是特别的创伤，而是一个持续不断的过程的一部分，今天的死就是明天的生。

我听到这个僧人跟家人说，生命在不断轮回，所有事都是无常的，所以不要执着，应该保持自己内心的宁静。

开往清迈的航班开始登机了，于是我们排队登上飞机，飞行时间大概是两个半小时。在飞行的过程中，我的眼睛始终追随着地面的湄南河，湄南河蜿蜒流淌，它在泰国被称为圣河。季风季节很快就会来了，随着季风带来的雨水，湄南河将会溢出河岸，淹没一些庄稼，淹没道路和村庄。通常，僧人在这段时间，都要进行结夏安居，待在寺院里，僧人们认为在这个时间出外旅行是危险的，因为在雨季，地面的水比较多，僧人们不能分辨水下是否有动物，因此就可能会踩死鱼；取水喝的时候，也难以分辨水里有没有小虫，因此也难免会造成小虫的死亡。对僧人来说，这些都是绝对禁止的行为。僧人即便无意识地杀死一个生命，都是不对的。所以在这些时候，僧人被严格要求，他们必须在日落之前回到寺里。而在每年结夏安居的时候，在理论上，僧人是不能够离开寺院的，他们在寺院里集中学习佛经，进行禅修。

既然季风还有几个星期才来，湄南河的水也没有溢出河岸，我决定透过飞机的窗户让目光沿着湄南河去寻找泰国的古都大城府，大城府曾经是暹罗国的首都，这座城市在四百年的时间里都非常繁荣。泰国历史上一些最残酷的战争也发生在这里。透过飞机的窗户，我发现自己很难找到这座城市的遗迹，因为河岸沿线的所有村庄都很相似，每一个村庄都有一些柏木制造的建筑，它们是寺庙，跟村庄里的其他建筑不一样，它们的颜色比较鲜亮，此外，他们还都镶着绿色的玻璃。于泰国人来说，建寺是他们积功累德的很好方式。但让我非常纳闷的是，泰国人哪里来的这么多钱去建设数量如此众多的寺院呢？

看着这条河,我忽然想起,在一百多年前,在湄南河畔的大城府发生了一次宫廷悲剧,它改变了整个泰国的法律。在大约一百年前,泰国法律规定,任何人都不能用眼睛直视王室成员,所有臣民必须伏地面见王室成员。在1881年,这条严酷的法律导致了一个悲剧,当时的王后在湄南河旅行的时候,她乘坐的船翻了,王后沉在水里,但是没有一个人敢救她,因为每一个人都不敢直视她,于是王后就被河水淹死了。

今天的泰国人不再接受这样一种禁令,他们直视泰王和王后不会再受到惩罚,但是他们依然会伏地向王后和国王顶礼。事实上,大多数泰国人对的普密蓬国王非常尊敬。我发现,泰国人、老挝人、柬埔寨人对国王都有共同的崇拜情节。他们认为,国王之所以享有今生的地位和财富是因为前世做了非常多的好事,由于因果报应,他们这一生成为了国王。对于很多人来说,国王的现在就昭示着他们通过做好事可以获得的未来。

当飞机接近清迈的时候,我不知道什么事情将在前头等着我。我即将去的满蒙寺(音)的主持将会让我停留在他的寺院里吗?我有足够的能力接受密集禅修的训练吗？进行密集禅修要遵守什么样的原则呢？我的一些泰国朋友曾警告我说，练习密集禅修要非常小心，如果过头的话，就有可能走火入魔。这样的警告不仅来自世俗朋友，甚至也来自一些僧人。我听说有个在泰国出家的美国年轻人，有一次在密集禅修中看到有一轮明月，于是他为了追寻月亮的脚步，居然从房间的窗口跳了出去。我也听说有一些外国人在进行密集禅修的时候会做出一些非常离谱的行为，他们的精神似乎会变得不太正常。这些警告没能吓倒我，相反却更激发起我的兴趣。在离开曼谷之前，我向一个心理学家请教了这方面的问题。这位心理学家在西方非常著名，目前他在泰国出家修行。我问他进行密集禅修为什么会出现那些危险的情况？他向我保证说，所有出危险的人，都是因为在内心深处隐藏着巨大的痛苦，在禅修中的一些离奇表现只是这些痛苦的外在表现，这绝不是禅修引起的，而是他们心中原有的痛苦所造成的。

我已经学习过一段时间的禅修，知道禅修一定要有老师，而不是自己就能看书摸索的事。

企图自己摸索禅修真谛是不明智的做法。后来，在密集禅修中，我也意识到禅修不仅要有一个老师，更重要的是禅修者要对老师有绝对的信任和尊敬。

当飞机下滑到跑道上的时候，我注意到自己手掌上有大量的汗液。飞行中并没有发生什么紧张的情况，但可能是因为我想的太多了，所以我手上全是汗。

当机场大巴把我接到市里的时候，我想到，正是因为我前世的某种业力，才导致我跨越半个地球来这里学习密集禅修。这是一种未知的冒险，密集会给我带来什么呢？我会在集中禅修中死亡、疯狂或者体会到终极的宁静吗？

第 6 章

蒙曼寺,一段不一样的内观之行

任何人如果有机会修行内观,

哪怕仅仅几天,

都会给这个人的生命质量带来极大的提升。

——马哈达念《内观的发展》

一个持戒女将我带到一个写着4号房的房间,她穿着白袍,剃光了头,看起来和金山寺的持戒女很像。她开门让我进了房间,然后就走开了,于是我自己进到这个看起来有点黑暗的房间。

蒙曼寺的方丈不久前通知我,假如我愿意在蒙曼寺学习内观禅法,我就能够全日制地住在寺里。在得到这个信息之后,我抓紧时间收拾行李,然后赶到了清迈。现在,我已经站在寺院分配给我的小房间里了。

看上去,这个房间显得很陈旧,门窗上豌豆色的绿漆已经剥落,高高的天花板上挂着一只白炽灯,家具非常少。只有一张铺了点儿稻草的光板床、一个又矮又小的桌子、一个古老得生了锈的折叠椅。房间的两扇窗户紧紧地关着,又脏又薄的尼龙窗帘显得很破旧。此外,还有两个花瓶,其中一个插了一朵玫瑰花,花瓶旁边是一只香炉,炉里还有以前烧剩的香灰。门的拐角处有一把笤帚、一个桶,桶里装了一些抹布。注意到床的对面有一个小房间,这是卫生间和浴室,我试了试,想拧开浴室的水龙头但根本拧不动。

冥想者日记 A Meditator's Diary

在暗淡的光线里，我看到很多蟑螂在地上爬来爬去，房间里很热，我把携带的物品一一取出来放在房间里：浴巾、肥皂、蜡烛、杯子、手电筒、睡袋、一些佛教书籍、一串香蕉。为了抵御早晨的清寒，怕冷的我还带了两个披肩。此外，我还携带了电热水壶。大多数的泰国寺院都用平日里收集的雨水烧来给僧众喝，事实上寺院里的水一般都是足够干净可以直接饮用的。但我觉得学习内观是需要全神贯注的事情，为了避免得疟疾或者其他的病，我还是带了电热水壶。

当我把自己的物品收拾好后，我想起了佛使比丘曾经指出像我这样嗔恨心重的人最好住在整洁的房间里，因为整洁清静的环境有助于嗔恨心重的人从烦恼中解脱。但那时，我感到自己没有能力将这间房间打理得非常整洁。很多年来，我都希望自己能有机会在亚洲的某寺院里生活，现在，当我真的身处于这间寺院的一个小房间里的时候，我却突然感到有些不知所措。一些声音从窗外传来，我拉开窗帘，看到有一个驼着背的老年女性向我的房间走来，她用泰语向我问好，然后两眼盯着我，在研究了我几分钟之后，她走到这排屋子的走廊边，吐出了嘴里因咀嚼槟榔而形成的槟榔汁。我都看到一条红色的抛物线落在了沙地上。她吐完之后接着研究我,并问我是否是来学习内观的,当我作出肯定的回答时,她笑了,在她的笑容中我注意到她的嘴唇由于常年咀嚼槟榔已经被染成了红色,牙齿也变得漆黑。

我觉得隔着窗户说话很不舒服,所以我出门站到了走廊里。她跟我站在一起开始聊天,聊了一会儿之后,她转身消失在1号房间里。我回到我的房间然后把披肩折起来放到一个袋子里,这样就做成了一个垫子,以便在早晨冷的时候充当禅修用的坐垫。

显然,那个驼背的老女人已经将一个外国女人来到寺院的新闻向很多人进行了报告,我很快就发现有很多人在观察我,一张一张的脸接二连三地出现在我的窗口,我不停地向他们打招呼,他们可能都想看看我这个外国女人将怎么和她们一起生活。我忽然感到很累,我觉得这是因为我新进入一个未知的环境而产生的自然反应。

于是,我坐在这个非常热的房间里,开始回想最近几天发生的事。现在,我已经住进一个以修习内观为主的寺院,但我对内观却一无所知,甚至连"内观"这个词的

冥想者日记 A Meditator's Diary

发音都很难读准。金山寺的学者曾经告诉我说：练习内观是达到涅槃境界的一条重要途径，也是获取智慧的一个重要方法。这里的学习生活跟以前非常不同，在以前，我确实也在寺庙里学习，但是仅仅一天几个小时，学习完毕以后，我就离开寺庙回到世俗的环境中。而现在，我要很多天都持续待在寺院里。那种首次拜访王宫寺时感到的恐惧再次袭来，无疑我非常希望自己能够尽快熟悉寺院的规矩，和其他人一样照这些规矩生活。但是这些规矩具体都是什么呢？我从哪里弄饭吃？我在寺院里可以自由地走动吗？寺院里会有一些地方不允许女人进入吗？我不知道这些问题的答案，也不知道自己能找谁去了解。这些问题让我感到极度困惑，我想我应该努力练习一下呼吸，以使自己平静下来，但我好像失败了。

于是，我坐在床上开始看一本泰国小说，努力让自己忘记这些问题。此时，我回想起了自己跟这个寺院的方丈第一次见面的情景。

就在昨天，当我接近方丈的房间时，我看到他正在一个桌子后面打坐，桌子上放着棕榈叶制作的佛经。他是一个矮胖的男人，形象看起来有点儿像塔克修士，我把这一点点仅有的信息记在脑子里,因为对我来说在泰国的寺院里分辨方丈和其他的僧人非常难。所有僧人无论等级如何,他们都剃光了头,也都穿着一样的藏红色僧袍,甚至连他们走路的方式都是一样的,所以我很难把他们中的一个人和其他人区分开来。更加麻烦的是,方丈不会说英语,而我虽然会说一点泰语,但我所掌握的几句泰语根本不足以讨论禅修的问题。幸运的是,这个寺院里刚巧有一个能够说英语的沙弥来参学,这个沙弥自然就成为方丈和我之间的翻译。

当这个沙弥向方丈翻译了我的自我介绍之后,方丈开始仔细端详我。他看我的方式如同王宫寺的方丈看我的方式一样,但他似乎更加严肃。我对这个方丈的印象是,他是个温和,富有慈悲心,且很有智慧的老师,我希望我的判断是正确的。

黑夜来临了,晚风吹动了寺院的铃声,在温和的风声中,鸟鸣声持续着,热带植物叶子间照射下来的月光洒在地板上,僧人和沙弥喧嚣的声音渐渐停止。

我觉得这会儿开灯并不很明智,因为这里有一大群的

冥想者日记　A Meditator's Diary

蚊子，为了避免被蚊子叮咬，我静静地坐在床上。寺院的宁静突然被一个门外的声音打破了，我听到有人喊着我的名字。我扭亮了灯，打开门，看到方丈和那个沙弥站在门外。方丈很平静地问我，他是否可以看看我把房间安排得如何，我告诉他当然可以了。他推开门看了一眼，但是没有进门，因为这是一个女人的房间。他显然很满意，然后就关上门，并用很快地语速和沙弥说了几句话，然后沙弥对我说：方丈想知道你在寺院停留的这段时间里，你是否能够遵守八关斋戒？犹豫了一会儿，我告诉方丈说我将努力遵守这些戒律。实际上，我真的不知道这些戒律的内容！

当方丈和沙弥走了之后，我关上门，扭亮了台灯，然后在很多书里找到了"八关斋戒"的内容。

　　八关斋戒："八"指八条戒律，即"八戒"。"戒"有止恶防非的作用，是法身慧命的"护身符"。"斋"指不非时食，即过午不食。"斋"有净化身心，远离妄想的作用。"关"指关闭，即关闭众生生死之门。因为众生生死的关键就是淫欲与饮食。淫欲是生死的根本，饮食是生死的助缘。饱暖思淫欲，为了抑制淫欲心，所以要持斋。这便是八关斋戒的意义所在。通常"八戒"还包括：（一）离杀生；（二）离不与取，不与取系指未经他人允诺而自行取用他人之物，亦即偷盗之意；（三）离非梵行，梵行即消净不淫之行；（四）离虚诳语，举凡两舌、恶口、妄言、绮语等均属之；（五）离饮诸酒，酒能乱性昏智，妨碍修行，故须远离；（六）离眠坐高广严丽床座，不坐卧于一尺六寸以上或宽大华丽之床座，以免养尊处优，习于放逸；（七）离涂饰香鬘及歌舞观听，即不以香花、花鬘佩戴于身，不以香油等涂抹于身，不作歌舞娼伎，亦不无故前往观听；（八）离食非时食，即上记所谓之过午不食，此系八戒之最重要者。

看了这些戒条之后我确实纳闷我能不能做到，我很担心如果我做不到这些戒条，寺庙是否会赶我离开。其实大多数戒条对我来说不难做到：这段时间戒绝性生活绝对没有问题，不喝酒不服用毒品也毫无问题，我也根本不想参与任何娱乐活动，离不与取也没什么困难。至于不妄语，因为我是新人，目前还没有什么人愿意和我有太多的话，我自己也没有太多想说的，我想我也能够遵守。

冥想者日记 A Meditator's Diary

至于过午不食，因为这里每天只有早晨和11点之前吃两顿饭，都是在中午之前，只要我服从安排，就一切如法。但我对戒杀这一条感到很烦恼。热带有很多恼人的昆虫：臭虫、蜘蛛、蟑螂以及成群成群的蚊子，它们都在困扰着我，蚊子经常把我身上叮得到处都是包，既然戒条要求禁止杀害任何动物，那么以后再有蚊子叮我的时候我该怎么办呢？此外，我该怎么对付卫生间里的那些蟑螂呢？我坐在床上想了又想，当然这个床确实并不高广严丽，它就是一个光木板，铺了些稻草。

我曾经多次试图探讨寂止禅与内观禅之间的关系，但现在，我还是很迷惑。

我知道，如果要想理解它们之间的差异，就需要亲自练习。也许明天我会知道一些关于内观的事，但我在蒙曼寺的第一夜过得有点惆怅。我在黑暗的小房间里努力鼓起勇气迎接明天的内观之旅。

第 7 章

要耐心，冥想就必须耐心

人们之所以尊重、崇拜佛陀，就是因为佛陀给我们指出了达到涅槃境界的方法，这是世界上任何其他导师都不可能教给我们的。

—— 马沙南达《内观的发展》

我被一阵钟声惊醒了,随之而来的是很多狗的狂吠。这些狗狂吠似乎是因为它们也被钟声吵醒了。三次响声过后,钟声停了,狗吠也随之停下来,我看了一下表,凌晨4点钟!

我坐起来朝窗外看去,和尚们很快都从自己的房间里走出来,走进一间烛光有些摇曳的佛堂做早课。悠扬的早课诵经声立刻充满了整个寺院,不过我还是感到很困。于是我闭上眼睛接着打盹,直到一阵尖利的声音再次把我吵醒。透过窗户,我看到一辆三轮摩的停在了僧人的住处门口,司机下车后拿了一包东西走进了这个僧人的房间。"也许司机是这个僧人的亲友,或者这个司机是一个送货员",我胡思乱想着,随后又看到司机出了门骑着摩的离开了。

我注意到和尚和沙弥们正列队穿过寺庙的大门,他们都把斋钵放在僧袍里,一个接着一个鱼贯而出。他们每一个人的眼睛都向下看,他们的步伐精确缓慢,迈出的每一步似乎都是同样的距离,每人之间的距离也基本一样。他们就像列队飞行的大雁一样在黎明中走向了小巷和街道去接受信徒的供养,而泰国的佛教徒也习惯于通过供养僧众食物来积累功德。当和尚们通过寺院大门的时候，我特地看了看自己的掌纹，据说只有当光线强到能看清自己掌纹的时候，僧人才能离开寺院去应供，果真，我确实能够看到掌纹。

看到了所有的僧人包括方丈以及给我做翻译的沙弥也都走出了寺院，我也走出自己的房间，我想在院子里走一走。这个寺院有一条蜿蜒曲折的小径，有很多美丽的花开在路边，有紫色的、红色的、粉色的、橙色的、白色的，这些美丽的花遍布寺院各处，给这些简洁的建筑增添了艺术色彩。我曾经到清迈旅行过很多次，但以前从来没有听说过蒙曼寺。蒙曼寺既不是旅游景点，不是古寺，也不是一个非常有名的寺院。

我也走到了寺院大门旁，透过大门，我看到寺院对面有一座二层小楼，楼上显然是供住户睡觉的，而楼下则是一个小杂货店。我看到这个小杂货店的门开了，一个老人从二楼拿下几个水罐放在一楼的门口，并给每个水罐都注满了水。对泰国人来说，为旅行的人提供一些食宿的方便也是积功累德的一个重要方式，因此很多泰国人都会在自己家门口放一些水或者食物。这种传承了数百年的传统风俗至今没有被西方世界里随处可见的售卖可乐等冷饮的小摊所代替。很快,这个老人的三个孙子出现在我的视线里,他们都拿着盛满食物的容器,这个老人和孙子们一起站到他们的店门前,等待僧人来接受他们的供养。

几分钟之后,有位僧人沿着小巷走到他们的门口停了下来,他们依次来到僧人面前把米饭、咖喱放到僧人的钵里,然后一齐跪倒向僧人顶礼,他们持续跪到这个僧人走远之后才站起来。此时,另一个僧人也走近了这里,一个中年的泰国妇女轻声地向这位僧人问讯,僧人停下来顺着她的声音看去,然后把他的钵从僧袍中取出。这个女人跑向僧人,供养了一团用香蕉叶包裹的饭团和三朵莲花,她供养完食物之后,立即跪倒在地上向僧人顶礼。

僧人并没有仔细看这个女人,也没有跟她说话,而是慢慢地走开。这个女人已经因用食物供养僧人而积累了功德,而僧人则给女人提供了做好事的福田。几个世纪以来,忠诚的佛教信徒都认为向僧人供养食物、医药、衣服以及器具是非常重要的事情,而僧人们则向人们传达佛陀的教法,帮助人们更好地生活。泰国人认为所有男人都应该做一段时间的和尚,时间从几个星期、几个月到几年,

冥想者日记 A Meditator's Diary

乃至终生不等，因此一个今天供僧的人明天就可能成为僧人来应供。

当我看到僧人走在回寺院的路上的时候，我想起自己熟悉的一个泰国空军飞行员一直不肯结婚，他跟我说他还没有出过家。他认为一个人如果没有做过和尚就不可能学会和掌握生活的经验和道理，也不能承担家庭的责任。当僧人们往回走的时候，我纳闷他们中究竟有多少人会离开寺院重新回到世俗生活中，这从他们的脸上是看不出答案的。当然，进入寺院成为僧人比从寺院还俗要难得多。一个人要成为僧人，不仅需要参加庄严的剃度仪式，还必须证明自己没有负债，不是罪犯，出家不是为逃避家庭责任。

离开僧团的时候，计划还俗的人除了向方丈和其他僧人解释自己还俗之后的生活规划之外，还要参加一个仪式。对于僧人来说，无论是留在僧团还是还俗，都没有任何压力，留或者走都完全凭自愿。佛教徒竟然享有这样大的自由，这样的规定让我非常吃惊。我看到僧人们带着装满食物的钵回到寺院，他们先走到水龙头那里洗脚，然后再回到各自的房间吃早饭。在这时，一些年轻的沙弥和寺院里的学童开始给寺庙的饮水罐里注水,为了将昆虫从水里分离出来,他们用简陋的装置将水过滤三次。因为在寺院里不允许杀生,所以他们要尽量将水里的昆虫全部过滤出来,以避免人们在饮用的时候让这些小虫丧命。

很快,这个寺院变得安静起来,除了我以外,无疑每一个人都在吃早饭。我并没有感到什么不快,因为我不饿,但是我很纳闷自己该从哪里弄吃的,我还有几只香蕉,但是香蕉存不了多久就会坏。我在院子里徘徊,注意到女众住的房子很像德克萨斯牛仔住的房子,是一溜连排小屋,我猜所有的女众都住在这排房子里。女众的房子看起来很小,但是这排房子挺干净的,另一边比较大的那组建筑是沙弥生活的地方,这组柚木屋由于不停地被风雨侵蚀,都已经变成了巧克力色。这组建筑看起来和我在金山寺学习佛法的讲堂有点相似,但是没有那么大。透过这组建筑的窗户,我能看到沙弥的僧袍一闪一闪地在窗户上跃过。

这个寺院的外墙是白色的,很高,墙边种满了棕榈树和柠檬树。寺院的门口有一棵菩提树——正是在这种树下,印度王子乔达摩·悉达多开悟成佛。这棵菩提树被围

冥想者日记 A Meditator's Diary

栏保护起来,围栏上装饰着藏红色的布。既然所有和尚似乎都在吃早餐,我想趁这个时间去参观一下大殿。大殿是一座寺庙的主要建筑,在那里,人们可以向佛像表达自己的崇敬。这座大殿看起来挺新的,大殿的外墙镶嵌着各色的玻璃。我脱了鞋走进大殿,烛光在佛像前摇曳,更凸显出佛像的雄伟。我跪在稻草垫上向佛像顶礼,当我的眼睛适应了这里的光线之后,我注意到大殿的墙壁上绘满了根据《本生经》描绘的壁画,《本生经》描述了佛陀在因地修行时多生多劫的故事。

当我顶礼后站起来准备离开的时候,我听到黑暗中有一些声音在响,过了一会儿我听出这是人的鼾声,原来有人在此睡觉。在泰国乡间有很多小亭供旅行的人休息,所以我很好奇为什么会有人睡在佛堂里。我从大殿走出来坐在台阶上,寺庙的十几只狗很快都围了上来,显然它们对我这个外国人也感到好奇。忽然间,我看到在僧人住的地方和这个大殿之间出现了一些藏红色的僧袍,原来僧人们已经结束了早餐。于是,我也决定回到自己的房间里。

在我回到房间时,一个男孩走到我的窗前喊到:早饭!我高兴地打开门,接过了一个大约2品脱容量的钵,钵里面盛满了浓浓的米粥。虽然在亚洲工作了很长时间，但我还是不能适应早餐喝米粥，我觉得吃水果会更舒服一些。我尽可能地吃掉这些米粥，但也只能吃掉一半。剩下的一半怎么办呢？我不能把米粥留在房间里，因为这样会吸引更多蟑螂以及其他动物。我注意到其他的持戒女带着空钵从我的门前走过，她们显然都已经吃完了。我突然感到很尴尬，我居然连自己怎么处理剩下的半钵粥都不知道。于是，我灵机一动，把它们倒在了卫生间里，然后用水冲走。

当我做完这件事情的时候，我突然意识到，这个寺院外面是开放性的下水道，许多泰国人都会看到，这个外国女人居然把信徒供养寺院的粮食倒掉，而这些粮食是信徒供养寺院支持人们学习禅修的，但大错已经铸成，一切都已无可挽回了。

在吃完早饭后不久，我听到了"沙沙沙沙"的声音。往外一看，我发现每一个持戒女都拿笤帚在清扫房间以及各自房间门前的走廊。我仔细看了一下，这里有五个持戒女，加上那个驼背的老妇以及我，一共是七个女众。我不仅发现了这里女众的数量，也发现了寺院的另一条规矩：

冥想者日记 A Meditator's Diary

吃完早餐之后就要打扫房间。所以我也拿起笤帚把自己的房间扫干净,然后又开始扫房间门前的这段走廊,但其他女众都已经完成了这个工作。

完成清扫工作后,我站在走廊边,手里拿着笤帚,眼睛却在四处寻找方丈。

我希望有人可以看到我的尴尬状况然后报告给方丈。我来这里是学习内关的,但我现在却拿着笤帚不知所措地站在走廊里,这似乎很荒谬。我努力地寻找方丈,直到我发现大多数僧人都已经回到自己的房间开始练习禅修,才放弃了这种无谓的努力。

于是,我决定跟僧人们做同样的事情。当我开始准备禅修的时候,我觉得自己在一个内观中心修习寂止禅有一点不合适。但最后我还是让自己平静下来,开始观察自己的呼吸。

禅修结束的时候,我听到一个女人用泰文问:"她在干吗?"另外一个声音则回答说:"她在做内观。"我朝窗户外看去,一个持戒女正在将自己的两只手卷成望远镜式的样子看我,并向其他人报告我这个外国女人的行为。"偷窥癖!"我心里暗暗地抱怨。当然,我其实也能理解她们对于一个新来的外国女人的好奇,而且这是一间修习内观的寺院,所以她们以为我在练内观也很正常。

在这一天的最后一顿饭,也就是中午11点左右的那顿饭之后我又和其他女性见面了。这一次,我吃光了我的食物,午饭是由一团米饭、一点咖喱、一些蔬菜组成的。

当这些穿着白袍的持戒女列队走过我房间的时候,我加入了她们的队伍。这个行动缓慢的队伍停在了走廊尽头,那里有一个大水瓶,这六个泰国女人一个接一个地洗她们的餐具。持戒女中有三人是剃光头的,另外两个则留有头发,但她们都穿白袍。后来我获悉,那个驼背老妇是一个无家可归的人。在冲洗完餐具之后,这些泰国女人开始询问我的名字以及来历。她们说话很慢,都带着微笑。其中一个头发剃得光光的持戒女问我是否也会剃光头。

我犹豫了一会儿跟她们说,我头发已经很短了,大

冥想者日记 A Meditator's Diary

约只有一英寸,但这个回答显然不够,所以我告诉她们说我妹妹很快就要结婚了,她不希望她姐姐在婚礼上以光头出现。于是,这个问题终于在她们的大笑声中结束了。其实我想,如果要是寺院要求的话我会毫不吝惜地把头发全部剃光。在来这里禅修之前就有人告诉我,女性禅修者不允许涂指甲油、抹香水、唇膏以及佩戴首饰。在洗碗的时候,我注意到她们洗完碗之后都会走到走廊尽头的木架子旁,将餐具放在这个木架子上。我观察到她们的行动很特殊,每一个人都要花好几分钟走这么短短的距离,她们走路的状态就像生病了或者残疾了一样。后来,我才了解,当一个人全神贯注地沉浸在内观状态中的时候,其外在的身体特征会自然显现出这样的情况。

太阳肆虐地烧烤着大地,几乎没有什么风,热气从人们身上掠过。此刻,我坐在地板上努力禅修,我进行禅修是因为这是唯一能让我从炎热和恐惧中解脱出来的途径。我感到很孤独,似乎是被遗弃在了4号房间里。很快,傍晚5点钟的钟声响起了,僧人们开始做晚课。那个说英语的沙弥来到我门前喊我,他告诉我说方丈准备给我开第一课,我终于可以开始学习内观了。我们一起走进大殿,大殿里有很多人,他们是住在这所寺院附近的人们,也是这所寺院的忠实信徒。很快,方丈出现了,所有人都向他顶礼。方丈让这个沙弥带我走进大殿旁的一个房间,这个房间似乎有些老旧。

显然,这是一间教室,有小桌子、椅子、黑板,还有几个白炽灯泡在天花板上孤零零地挂着。我在一个桌子后面落座,方丈的课程开始了。方丈让沙弥首先在黑板上写上"四念住"。

> 四念住是观身不净、观受是苦、观心无常、观法无我。以四念住对治我们的常、乐、我、净四颠倒。身念住,即观身不净:观色身四大不净,乃至外境亦不净,以对治身体干净的颠倒想。受念住,即观受是苦:观六根所生受及受的苦乐舍,三种皆是行苦,因为它无常变化,不能做主就是苦,所以观受是苦对治乐的颠倒。心念住,即观心无常:观六识心生灭最迅速,无有一念停留,我们的心念一念一念地在那儿变化,佛陀说吾人之身还有几十年慢慢地发生变化,可是我们的心念在一秒钟内却不知道有多少变化,所以佛陀教导我们要观心无常。众生执着这个世间有一个精神不变的我——心。这

是一种颠倒、一种错误,这个心是变化无常的,并不是永恒不变的,所以要观心无常。法念住,即观法尘及一切法无我、无我所,而我们执着于有一个我,所以我们要观法无我。

四念住被认为是上座部佛教修行的核心,阿含经曰:"有一乘道,净诸众生,令越忧悲、灭恼苦,得如实法,所谓四念住……如是四念处修习多修习,于此法、律得尽诸漏,无漏心解脱、慧解脱:我生已尽,梵行已立,所作已作,自知不受后有。"

四念住被认为是内观的基础,但直到这次课程的理论部分结束,我仍不理解他们在说什么。

理论部分结束之后,方丈让这个沙弥站在桌子上,进一步给我演示如何通过动作学习内观。在多次观察沙弥的动作之后,我突然意识到他在做什么。原来,这个沙弥正在向我演示如何顶礼,就像那些泰国信徒每天都在佛像前做的一样。只是,他做得非常缓慢,是分解动作。我以前认为一个人需要三次顶礼是为了向佛法僧三宝表示尊敬,但是在这个禅修中心的顶礼练习似乎是教人们如何集中意念于自己的身体行为。接着,沙弥又开始教我双盘打坐。

沙弥纹丝不动地坐着,眼睛闭着,身体放松,看起来非常优雅。方丈解释说内观可以观察一个人腹部的起伏,当一个人呼吸的时候,腹部就会起伏,可以将意念集中在观察腹部上。几分钟之后,沙弥睁开他的眼睛,从桌子上跳下来加入了方丈的谈话。他告诉我要练习内观,就必须集中精神,我今后两天的任务就是练习在坐卧和走路中内观五分钟或十分钟。我需要清晰地意识到自己举手投足的每一个动作,也要注意到腹部的起伏,每一刻都要集中精神,观察每一块肌肉、每一个动作,甚至当我吃饭的时候、离开房间走到院子里的时候,都要集中精神。

这个方丈看我在笔记本上写完这些话的时候,告诉我可以在每天晚上向他或者向监寺和尚汇报这一天的禅修体会。我知道自己的内观第一课结束了,于是我站起来向僧人顶礼,然后离开教室回到了自己的房间。当我坐在自己的床沿上时,我开始思考。"四念住"到底意味着什么,方丈讲四念住讲得很快,但它似乎又是内观禅法的核心,可我却一点都不理解其中的奥妙;方丈要我集中精力学习

冥想者日记　A Meditator's Diary

观察身体的技巧，但我很难领会。我很郁闷为什么自己这样愚痴。

回想起来，方丈对我非常关心，很多人从四面八方来到寺院都是来看他，他却专门抽出时间来对我进行单独辅导。我决定坐下来开始练习禅修，我一遍一遍地告诉自己说要集中精神，但什么是集中精神呢？如果集中精神就是仔细地观察人事物，那么我觉得我本来就能做得非常好。我是一流的记者，也是著名的作家，但是佛陀所指出的集中精神似乎并不是这么简单。既然进行内观禅修的目标是消灭我执，那我为什么要不停地观察自我呢？我真的不明白。

此时，月色的清辉透过树叶撒满地面，地面就像雕花一样美丽。我开始练习起禅修，我努力地让自己脱离对吸气和吐气的观察——寂止禅所要求的那种模式——转向观察腹部的起伏以便符合内观禅修的要求。当我经过一段时间的努力之后，我发现我还是不能够集中精力，不能够很好地练习内观。

我感到有些沮丧，这使我记起了王宫寺方丈曾经给我的教诲：要耐心，要学习禅修就必须耐心，所以我又一次开始练习，直到自己感到困倦。最后，我躺在床上睡着了。直到4点钟，我再次被钟声和狗吠声吵醒，悠扬的早课诵经声又一次传来。这种似乎穿透岁月的迷雾从几个世纪之前传来的早课声提醒我必须开始练习内观了。在一段时间的禅修之后，我看到这些和尚又像大雁一样结队出门应供。接着，米粥又来了，然后是洗碗、打扫房子，然后就是禅修练习、午斋、禅修练习。在下午5点钟左右的时候，钟又响了，于是我知道自己应该向僧人报告自己的禅修体验。

现在，如何在寺庙里生活的问题已经获得了解决，当我越来越把蒙曼寺当成家的时候，我开始发现自己已经有能力击退房间的炎热，而且我也可以在走廊或者大殿的台阶上坐着练习禅修了。在这个寺院里，整天都有男人、女人、老人、小孩来贡献鲜花、香，或者在佛前祈祷，他们平静地来、平静地走、平静地顶礼。我知道很多人来到这里是为他们的儿子、孙子或者兄弟准备剃度仪式，但是寺院周围邻家的一些孩子却并不总能保持寂静，他们把寺院的沙地当成了运动场。寺院里这么多的活动，让我觉得这些似乎会让人分心。

但当我看到持戒女悉心照料花,给其他的持戒女和寺庙里的学童准备斋饭的时候;当我看到僧人们无论是在走路还是在做杂务,亦或教沙弥诵经的时候,他们的所有行为都是从容不迫、极度优雅的。看到他们的状态,我突然意识到,原来集中精神应该是什么样子,但我能达到他们的境界吗?

第 8 章
这是一个苦乐参半的时刻

西方人靠书本生活,而泰国人靠经验生活。

——蒙曼寺的护士

在蒙曼寺修行的日子里，导师并没有告诉我什么特殊的禅修秘籍，我也没经历神奇的宗教仪式，更没有什么顿悟的体验，但我感觉以前的世界离我远去了，生活已经完全改变。我不知道这一切是何时发生的，但更可能的是，这一切根本就没有一个起始的具体时间，它们都是自然而然地发生的。

当我在禅修的时候，我能意识到人的身体与精神似乎可以分离，或许在那种分离的状态中，我多少理解了一点关于无常的道理。在禅修的时候，我也能感到自己身体的很多地方都非常疼痛，在那种疼痛中，我也领会到了人生即苦的道理。比如有一次，我在禅修中感觉到自己的腿消失了，整个人像飘浮在空中，在有这种感觉的时候，我对无常有了更直接的感受。但是导师们告诉我，只有和贪嗔痴这些让人进入迷惑颠倒的思想活动分离开来，人们才能够观察他们自身并接近宇宙的真相。

作为一个西方人，我一直很想知道自己究竟有没有能力透彻理解内观的概念。

内观是什么？"向内看"，我告诉自己。但这个答案很模糊,有人告诉我说,通过内观,人们能更好地观察自己的身体,观察受想行识,观察世界的生灭,所以就能更好地理解无常,理解诸行无常、一切皆苦、诸法无我、寂灭为乐的道理。也有人告诉我通过内观,人们能更好地理解自己以前并不了解的自然和宇宙的真相,而所有这些都不可能从书本或者老师的演说中学习到。还有人告诉我说内观是通向涅槃的一条途径,达到涅槃就可以让我们斩断生死轮回,从痛苦中彻底解脱。

我并不能深刻理解这些道理,这让我异常苦恼。后来成为我日常翻译的一个泰国护士同修告诉我说,西方人总是在理论上寻找真相,这会阻碍他们领悟真理。西方人从书本中学习生活,而泰国人则从经验中学习生活,我也必须学会从经验中学习。最终,我发现自己的确不够耐心,我一直急切地希望了解未来将发生什么,而导师则告诉我说要活在当下,而不是关注以前或者过去发生了些什么。如果我一直沉溺在这些困扰之中,我将永远不知道答案是什么。我想我必须听从那些终生穿着僧袍的导师的意见,如果认真听从他们的指导,或许我能有机会了解言语背后的真意。

当我将这些问题放在一边,安心地在小房子里开始禅修的时候,生活变得简单和规律起来。每天吃两次简单的饭,一次早餐、一次午餐。其他时间,我都在禅修。我并不期待有什么戏剧性的感受出现,因为禅修中所有的动作、所有的思维方式都是有规律可循的。我只需要简单地按照老师的指导行事就可以了。

虽然理论上的问题被搁置在一边,但还有其他问题困扰着我。首先就是关于持守八关斋戒的问题,八关斋戒中有一条是戒杀,但我总是被蚊子叮得厉害,所以忍不住总想伤害这些蚊子。此外,让人不可容忍的炎热、厕所里让人非常恶心的气味、摩的的噪声、狗的狂吠都让我很头疼,但好在所有这些都是小问题,它们和进行内观禅修比起来无足轻重。

禅修练习很简单。开始的时候,老师让我观察走路时脚的起落、观察脚起落过程中每一根肌肉和神经的感觉。在观察中,我经常能感到疼痛和不适,但疼痛和不适的部位经常和走的动作毫不相关。有一天,当我在观察自己的行走姿势的时候,忽然感觉到自己的腿已经消失了,身体的其他部位也不存在了,我仅仅能意识到自己的眼睛、背

冥想者日记　A Meditator's Diary

部、颈部和心脏，似乎人的整个身体都是由眼睛和心脏组成的。此外，还有一条背部的脊椎骨支撑着颈部。当我做完走路的练习时，我开始观察顶礼的过程。而后进入打坐内观的时候，我开始聚焦于腹部的起伏。不久，我发现自己的行为动作更加从容和缓慢。我每天花18个小时进行禅修，和别人说话的时间已经压缩到了一小时以内。现在，书本似乎对我也没有用处，传统上的时间概念对我来说也不复存在，一整天似乎就像几分钟一样就度过了。或许，我获得了某种重生。

但是，我知道自己也不能执着于这些感觉。我不知道自己为什么如此刻苦地练习内观，也许是因为方丈的鼓励，也许是因为没有别的事可做，也许是因为我的好奇心。其实对我来说，内观给我带来的快乐和幸福感可能是我更加勤奋地练习它的主要原因。

在一次禅修中，我感到有一股热流在体内激荡，这股热流是如此炽烈，以至于我的身体似乎变成了一个燃烧的光球。但即便在这时，我依然聚焦于我腹部的起伏。终于，这种刺痛的热量渐渐变得更加的舒缓、温暖。此时，禅修结束了。

当我在笔记本上记下这次禅修的感觉时，我感觉到自己并不想睡觉，于是我走到走廊里，看着星星和月亮，突然有一种想飞的感觉。我也体会到这是一个苦乐参半的时刻，这种感觉可能永远不会再有，它充满了爱与宁静。我意识到人生是苦乐参半的，但无论是苦还是乐都会消失，任何独特的感觉和体验也一样会最终消失。

我想起过圣诞节的感觉就是这样。每次，我都要花好几个星期时间，费尽心思地准备节日礼物和节日宴会，努力增添节日的幸福和快乐。但是圣诞树闪亮的叶子终会暗淡，节日终会过去，所有快乐的感觉都只是转瞬即逝。每次我都问自己，为什么总是这样？

我一个人独坐在苍穹之下，思想似乎进入了一个又长又窄的隧道。我知道我正生活在不同的文化氛围中，或许所有的感觉都终将过去，在未来，我可能也不会像现在这样热衷于禅修，但是在目前这一刻我很享受这种感觉。以前，我从来没有体会过活在当下的感觉，但是现在，我知道只有活在当下才能更好地体会到人生的意义。

我回到自己的房屋躺在了光板床上，而后，我度过了奇特的七小时睡眠。在睡眠中，我似乎依然在禅修状态，我感觉自己的身体似乎浮在空中，并没有接触到床板，当我转身的时候，我能精确地感知自己身体的每一个动作。由于我有一些部位曾经受过伤，这些部位在睡觉的时候会感到不舒适。但是现在，这种疼痛完全在禅修状态中消失了，我能意识到自己在睡觉，但和正常的睡眠不同。

这种睡眠特别的轻松，我感觉到自己的身体和意识变得和谐起来，这种感觉一直持续到了第二天早晨四点钟铃响的时候。

第二天，当我禅修的时候，我又看到了一些"相"。禅修之后，我对自己究竟能有多少种思维感到不解。在禅修中，我不仅能够看到"相"，也能听到手表的嘀嗒声，同时也能够意识到腹部的起伏。人究竟有几种思想呢？我以前从来没有意识到这个问题，但是现在，我能清楚地意识到人的思维有很多观察角度，这与我在几个月前的感觉是完全不一样。

当这天晚上向监寺和尚汇报禅修体会的时候，监寺和尚向我解释说我夜里睡觉时的感觉也是禅修的持续作用。他说禅修能带来强烈的能量，所以会持续到睡眠中。他肯定这是一个好的感觉，代表着我有进步。他也告诉我说那些练习内观的人能够感知无常的道理，所有事物的生灭都很快，所以不必执着于"相"，也不必执着于某种状态。

日子每天都过得很快，我能精确地体会到生活环境以及自己身心的改变。饥饿感对我来说已经消失，现在对我来说，"吃"只是禅修中的任务，而不是减轻饥饿的方法。从上午11点到次日6点，我每天19个小时不吃东西，但是根本不会感到饥饿，慢慢地喝点水就能感觉很舒服。虽然不会感到饥饿，但我每天都觉得非常累。我一天只睡几个小时，不过睡眠似乎都非常深，在内观禅修期间，我从来不做梦。

方丈告诉我说内观禅修需要花费大量能量，因此人们才会感到精疲力竭。

这听起来似乎有些奇怪，因为内观禅修既不是激烈的体力运动，也不是剧烈的脑力活动。也许，使纷乱的思维停下来集中在一点比放任它所需要的能量更多吧。

我意识到自己现在走路和那些穿着白袍的持戒女相似，姿势缓慢而奇怪，这或许是我集中精神观察自己动作的结果，这并不神秘。但是我很好奇我的容貌是否在内观禅修期间发生了改变。由于这里没有镜子，我没法作出判断。

每天禅修结束的时候，每一个禅修者都必须向导师汇报心得体会。监寺和方丈轮流接受我们的汇报，监寺和尚通常被理解为方丈的副手。轮到我汇报的时候，通常天还没黑，但是有一次天已经完全黑了，但我依然没有被叫到。我孤独地坐在走廊边，猜想是不是因为自己是外国人所以被遗忘了。

我走到大殿边，看到一位穿着白色的护士服的女士坐在大殿的台阶上，她在黑夜中显得分外漂亮。这个娇小的泰国女人曾经是一个持戒女，也是方丈的弟子。

她曾在纽约的一家私立医院工作过，后来回到泰国和一个本地男人结婚。但是婚后不久，她的丈夫被人残忍地谋杀了。在丈夫去世之后，她进入寺院成为一个持戒女。后来，她的妈妈和朋友要求她将自己在寺院里获得的佛法知识以及在禅修中获得的经验分享给更多的人，所以她离开寺院回到了位于清迈的医院里工作。业余时间里，她为蒙曼寺的方丈进行翻译工作。我非常喜欢这个女人，她的笑容灿烂，声音很温柔。她很慈悲，每晚都和我交谈，她能够理解我在禅修中的喜怒哀乐，一直激励我精进禅修，获取人生的智慧。

过了一会儿，我和我的翻译一起走进了这间小屋，坐在了监寺和尚面前。

看来，我并没有被老师忘记，只是因为其他禅修者汇报的时间比较长，所以叫我的时间晚了一些。监寺和尚的眼神非常深邃，看起来很像王宫寺方丈的眼神。他告诉我说，要集中精力于观察动作本身，避免执着于喜怒哀乐的心理活动。

禅修练习变得越来越复杂，我的经验也开始变得越来

冥想者日记 A Meditator's Diary

越有戏剧性。我能感觉到内心的宁静在增加，能够感觉到自己逐步从时空中超脱出来，能够感觉到自己逐步超越了已知的界线，甚至有的时候能够感觉到一点涅槃的滋味——当然这并不是涅槃，但多少有一点相似，这种感觉是如此细微又如此美妙，以至于天堂都不能比拟。

在禅修中，我逐步发觉自己身体的不适感在慢慢消失，强烈的我执也逐步融化，剩下更多的是自由。时间不知不觉过去，我已经不再对外在的事物感到眷恋：我不再对正在写作的书感到焦虑，不再对我的研究生功课感到焦虑，也不再对战争以及政治活动感到焦虑。对我而言，外部世界几乎消失了，我对外部世界唯一的关注点就是我的丈夫。

想起他，我也仅仅剩下爱、幸福与平和的感觉。事实上，我并不经常想起他，我很少说话，行动迟缓，连写字都不愿意。有一天，我在禅修中有一种想哭的感觉，嘴和眼睛都处于痛哭的状态，但是没有眼泪流出。我根本不想离开寺庙，这里没有饥饿感，没有争斗，没有战争，这里只有平静以及未知的幸福感。我多少感觉到了终极的自由。

一天下午，在禅修之后，我坐在床边修习。突然，寺庙的钟声响了，所有和尚都被召集去做晚课。可对我而言，平时听来并不高亢的钟声突然变得非常刺耳，声音大得似乎要击穿我的耳膜，让我不可忍受。寺庙的狗吠声也比往常显得大了许多。这些声浪不停地冲击着我的耳膜，使我特别想哭。和尚停止了撞钟，但是钟的余音依然不停涌入我的耳膜，余音也让我感到非常非常难以忍受。很快，我发现我的听觉变得如此敏锐，能听到以前从来听不到的声音。

我想，大多数人大概一辈子都不会听到这些声音。比如，在夜里我经常能听到蟑螂在我房间里爬行的声音。有一次，我听到大约距我十码的地方有蟑螂，打开手电一看，果真有蟑螂在爬动，我能清楚听出蟑螂是在卫生间里爬，还是在我的物品上爬。有的时候，我会有想伤害它们的冲动，但是记起戒杀生的戒条，我就用笤帚轻轻地把它们送出房间。但是很快，我听到它们又回到原位。这种听力的增强使我几乎不能容忍日常很正常的声音，比如摩的的声音。我的导师要我集中精力于听，声音就会缩小到能容忍的程度。但是，我总有想要塞住耳朵的欲望，这种欲望会比集中意念于听的欲望更加强烈。

有一次,我感到我的手臂上有一个动物在慢慢地爬动,这个动物在我的皮肤上走来走去,显得很巨大,步伐也很沉重。我按照老师的要求,持续观察自己腹部的起伏。当禅修结束后,我发现这个在我身体上爬行的巨大动物是一只小蚂蚁。

不知道是否是因为坐得过久或者是因为方丈教我的打坐姿势过难,在打坐禅修之后我的腿经常会感到麻木,所以每次打完坐我都会习惯性地伸展并按摩双腿,让血液充分流动。有一晚,当禅修结束之后,我伸直双腿,突然在那一瞬间我听到了咕咕的声音。我意识到这是血管里血流的声音,我能听到我血管里的血都在流动,无论是静脉血管还是动脉血管,甚至最细微的毛细血管的血流,我都能听得到。这些温暖的血在腿上的血管里自由流淌,在血液流动的时候,我感觉腿部的麻木完全消失了。

这种消除痛苦的方式如此自然。所有这一切就发生在我这个没有佛龛、蜡烛,也没有香的小房间里。我生活在这样一个奇妙的世界里,感受着未知的经验,却毫无恐惧。

另一个值得纪念的经历发生了。在守夏节之前的一天，当我坐在走廊休息的时候，我看到三个泰国老妇人朝我走过来。她们的头发都白了，而且短得犹如男人的头发一般。不过她们的皮肤显得很有光泽，衣着显然是经过精心修饰的。她们的嘴唇都由于长年咀嚼槟榔而变得非常红，牙齿也很黑。她们在窃窃私语中走近了我，并看着我好一会儿。她们对我说，她们很好奇我在这所寺院里做什么。我向她们解释说我正在学习内观。她们回答说："太好了！"于是，她们坐在台阶上和我聊天，讨论我上衣的料子、我的房间号码以及天气。

她们告诉我说，为了积功累德，她们从离这里很远的一个村庄来到寺院供养三宝。

紧接着，一系列问题都是围绕内观发生的，她们都认为内观是很好的事情，但她们从来没有实践过。她们希望我给她们讲述禅修中的感觉，但我的泰语实在太有限了，我并不能很好地解释我的感觉。后来，一个老妇看着我的眼睛问我："你看到鬼神了吗？"其实我已经猜到她们会提这个问题，因为大多数泰国人对鬼神都非

冥想者日记　A Meditator's Diary

常感兴趣，每个泰国人的家里都供奉着神位，他们会向神灵奉献食物、香和花。我知道人们在内观禅修中确实能看到各种各样的形象，但我不确定那是否就是鬼神。我想，既然她们相信鬼神，索性我就回答说，外国人看不见鬼神，只有泰国人能看见鬼神。于是，她们都笑了，她们似乎很满意这个答案。然后，她们很快又告诉我说，她们要去大殿里供养三宝。

令我吃惊的是，当这三位妇女站起来的时候，她们转身向我深深地顶礼，然后才走向了大殿。我也开始回想自己不仅仅是在打坐禅修的时候，就包括在观察别人走路的动作时都能看到很多不同的脸。它们会从墙上，从窗户上，甚至从树的叶子上漂浮到我的房间里来。人们很容易相信这些脸就是鬼神。泰国人也相信鬼存在，鬼是因为前世为人时过于贪婪悭吝才堕落到鬼道。这些鬼没有办法获得食物，永远感到饥饿，他们没法和人交流，所以也就没法乞求得到食物。他们过得非常可怜，在鬼道的时间会非常长，只有当恶业消失的时候，他们才能够重新投生为人。鬼看起来并不会伤害人，但他们会让人感到恐惧。

当我看到这些老年妇人在大殿里佛像前的草垫上跪下的时候,我不懂这些老年妇人为什么会以如此尊贵的方式向我顶礼。

第二天早晨,我发现门口有一小团香蕉叶包着的米饭团。起初,我忽略了它们,过了一会儿,那驼背的老妇人又走过来告诉我说,这是对我的供养。我不知道这是怎么回事,因为从来没有人给我带来额外的食物。"这的确是供养你的,"这个驼背的老妇说,"三个老年妇女今天早晨来到这里,要我把这个饭团供养给住在4号房间的外国女人,这个女人正在学习内观。"我把饭团拿进了房间,为什么这几个泰国老妇人对我这么友善呢?或许她们是在积功累德,供养食物给学习内观的人。

这是一个多么美丽的早晨啊!我知道佛教徒非常尊敬僧人,因为僧人将自己的终生贡献于佛法学习与禅修练习。对于佛教徒来说,男人做和尚以及女人练习禅修是最好生活方式。这三个泰国妇女的礼物让我感到如此开心,我非常幸福地吃掉了这个米饭团。

冥想者日记 A Meditator's Diary

　　我的打坐禅修开始变得越来越熟练，最初的那种困扰都消失了。一旦一种模式被建立起来，一切都变得容易起来。不过，有的时候也会有其他的事情发生。有时候我会感觉自己身体的很多部分消失了或者根本不起作用；有的时候会发现自己的呼吸完全停止了；有时候又会发现自己的心跳变得缓慢了；或者有的时候我觉得整个身体仅仅是丹田和后背之间的部分还残存着；还有的时候，我会发现自己没有腿但能走；有的时候会发现自己的头和手都消失了，仅仅有躯干；有几次在禅修中，我没有任何原因就想哭，但是没有眼泪。

　　还有一次，在我打坐禅修的时候，我发现右腿变得不可容忍的疼痛，疼的部位恰恰是以前因为受伤做过手术的地方。当时我感觉整个世界除了那块疼痛以外几乎什么都不存在了，疼痛变得越来越不可忍受，我开始出汗，感到非常难受。我努力让自己集中精神观察腹部的起伏，这是一个非常可怕的经历，对我来说简直就是一场灾难。

　　我持续观察腹部的起伏，一会儿之后，这种疼痛开始变得可以忍受了。最终，一片光芒出现了，光芒吸收了所有的疼痛，灾难过去了。在光芒中，我感受到了前所未有的宁静。我突然意识到我已经和这片迷人的光芒完全融为一体，成为光芒的一部分，而传统意义上的"我"则已经消失了。起初，其实我非常想停留在这片光里，但最终我还是通过观察腹部的起伏将自己从这片宁静的光芒中带出来了。随着观察的持续，我再次回到了现实世界，也意识到我正坐在地板上。我并不感到恐惧，但是的确很累。

那一晚，我把我自己消失在一片没有时间、空间，也没有痛苦的光芒中的感觉报告给了方丈。他仔细听着，然后告诉我，当你觉得自己消失了的时候，必须要集中意识坚持禅修。我很好奇，如果没有什么方法把我带回到现实中，那将会发生什么呢？在那个没有时间、空间，也没有痛苦的世界里会发生什么呢？假如我不通过观察就把自己带回来，那是否意味着我就不再会以传统的形式存在了呢？这是不是一种死亡的途径呢？

我猜想，人的存在可能主要是思想的形态。我似乎已经经历过死亡。我的确死过，停止存在过。在这种死亡中，没有我的概念，只有和宇宙万物融为一体的感觉，这个感觉是我以前所不知道的，它柔软、宁静，没有任何争斗。

我觉得这种死亡的感觉是非常好的。而现在的我，从某种意义上而言，是从那片宁静的光芒中重新投生出来的。当我坐在昏暗的小屋里，我问自己是否愿意重新回到那种状态。在那种状态里，我感觉到了世界的真相：苦乐相依，生死相依。

第 9 章
一个人应该活在当下,活得超脱

> 人们和自己身外的世界进行战斗,
> 却从来没有意识到,
> 真正的生活要在一个人的内心中寻找。
>
> —— 卡里·纪伯伦

日子在不知不觉中一天天地滑过,浓重的季风云开始飘荡在清迈周边,在守夏节到来之前,男女老少各种人等川流不息地来到寺院,他们是来给自己的儿子、兄弟、外甥、父亲、爷爷准备剃度仪式的——这些人剃度之后往往会在寺院里做三个月的僧人,学习佛法。守夏节是泰国以及其他上座部佛教国家最为重要的宗教节日。

在接下来的守夏节中,僧人们除了早晨出外应供以外,将被禁止离开寺院。

现在,住在我们寺院里的人们都忙碌起来,他们要打扫地板、清洁建筑、粉刷围墙。沙弥们在方丈和资深持戒女的指导下被分成不同的小组,这些沙弥需要清洗僧袍、扫地、擦窗户、清理大殿卫生。当他们掸大殿里的垫子时,为了避免被烟尘呛着,就把自己包裹得如同阿拉伯人一样,非常有意思。此外,还一组小沙弥负责修剪寺院里的植物。

在这些日子里,我感到非常幸福,这里的氛围使我的心灵不停颤动。无论如何,我的任务不是准备守夏节,而是练习禅修。方丈告诉过我,如果我对准备守夏节好奇

冥想者日记 A Meditator's Diary

的话，可以把观察守夏节的准备纳入我禅修要观察的内容之中。守夏节前夜，我完成禅修练习后走出了自己的小屋。天色已经暗下来了，但天空的满月洒下的银光充满了寺院，美丽的月光洒在大殿外的玻璃上并反射出晶莹的光芒，那似乎是一个仙境。

我走入大殿，跪在佛像前，摇曳的烛光将佛像映衬得非常庄严。在烛光中，我看到方丈和几个和尚正在清理佛坛，他们在佛坛上铺上布并放上花。突然，正在清理一个瓮里的植物的方丈看到了我，他停下来用泰语跟我打招呼。那一刻，我有一种恐惧感，我以为自己走进了女人不应该走进的地方。但是他喊我的声音很愉悦，他把我叫到面前，然后拿起了一片藏红色的布，微笑着告诉我说："你可以把这块布围在这颗小菩提树的树干上，这样树会看起来美丽些，女人做这个工作会比男人更合适，因为女人的审美感更强。"他边说边把这片布扔到了地上，根据传统，他不能直接把布拿给我。不过，这块布实在有些短。我从地上捡起这块布并把它跟其他布接在一起，然后开始用它们装饰这棵小菩提树。当我停止我的装饰工作时，方丈走到我旁边，评论说："非常好，非常漂亮。"这棵菩提树将于次日守夏节开幕时被送到清迈周边的一座山上种植，这是当日宗教活动的一部分。

我离开烛光摇曳的大殿，走出来坐在台阶上，沐浴在月色的清辉中，我突然意识到方丈让我帮忙装饰菩提树是为了让我融入到守夏节的快乐中。佛成道时就安坐在一棵菩提树下。守夏节时经常有风有雨有雾，所以人们总是把自己小房间的门关得很严，以便把雨水和雾气挡在门外。一个年老的泰国妇女曾经告诉过我，鬼神经常夹杂在云雾里旅行，所以关上门也可以把它们挡在门外。

在雨天里，我整日禅修，我现在发现自己行走时也是倾斜的。偶尔，我会跟那个驼背的妇女打打招呼。有一天早晨，她问我是否喜欢阿华田饮料，我并没作答，但几分钟之后她就拿来一个热气腾腾的杯子，告诉我说她有很多阿华田饮料，假如我想要，她会跟我分享更多。

我在蒙曼寺停留的日子屈指可数了，有一天方丈告诉我说我可能得离开4号房间了，因为一个泰国妇女几个月来多次要求来这里禅修，方丈也保证说他会给我找另外一个地方。虽然我心里知道自己确实应该离开了，但

冥想者日记　A Meditator's Diary

还是觉得以一种渐渐退出的方式结束内观禅修比较好。所以,我把自己在清迈剩下的几个星期时间安排在了一个我认识多年的泰国朋友家。这样我一方面可以每天向方丈和导师汇报禅修体验,另外一方面也可以腾出这间房。生活环境的转换非常不容易,非常幸运的是,我的朋友很理解我,她给我安排了家里最安静、最凉爽、最大的房间,在那里我可以尽情进行禅修。她们全家人都知道我对于声音非常敏感,所以他们说话的声音非常小,做事情也静悄悄的,他们努力让我有好的禅修环境。

这样又过了几周之后,我要离开清迈了。在离开清迈当日的清晨,我又一次来到了蒙曼寺,方丈邀请我和他一起分享那天早晨的供养。我很早就在门口静候方丈,看着这扇门,我感慨万千。不久以前,我走进这扇门,怀着巨大的恐惧来学习内观。但现在,我则在黎明昏暗的光中等待方丈。我知道这些天的努力已经让自己跨进了一个新世界。我吃惊地发现自己改变了很多,这些改变似乎不容易发生,但只要努力进行禅修,这些改变可以发生在我身上,也可以发生在任何人身上。

天光微亮，应供的和尚列队而出——就如同他们几个世纪以来所做的一样。

后来，我看到方丈出来了，他的袍子裹得很高，他走路的节奏非常优美，就像一个舞者，他出门时并没有看我，也没有说话。应供的队伍非常整齐，也非常优美。

方丈走进了一个小巷，我在他身后几码的地方跟着他。方丈赤脚走在又湿又脏的土地上，信徒们就像知道方丈要来似的，他们都打开自己家的门，奉献食物、鲜花以及香给这个穿着僧袍的人。跟着这个慈祥的老人，我想起他曾是一个尊贵人家的儿子，从12岁起就出家为僧。在他的僧涯中，他在缅甸学习了几年禅修，然后就在这所小寺院里一直指导人们禅修，为来寺院的人们答疑解惑，教授佛法。

当我们走过这些狭窄的小巷的时候，太阳穿破浓重的云层，阳光带走了湿气。阳光洒在路边挂满露珠的花上，激发出了非常清幽的花香。露珠折射着阳光的光芒，混合着芬芳的花香，让人心旷神怡。我跟随方丈的脚步，突然感到自己对于即将离开的这个寺院是多么的不舍，我非

冥想者日记　A Meditator's Diary

常难过。我们的日常生活充满了无聊平庸的事物，比较而言，我非常留恋寺院里这种平静的生活。这时我记起方丈几周前和我的对话。我当时告诉他说我非常喜欢禅修的感觉，特别想长久停留在这所平静和安宁的寺院里。方丈则开示我说，有些人注定要做僧人和禅修老师，但是大多数人都应该回到他们日常的生活中去，去照顾他们的父母子女，他们可以在生活中学习佛法、学习禅修、实践佛陀的教导。我现在开始有点理解方丈的话了。

当方丈应供完，我跟随他回到寺院。此刻，一种微妙的感觉在我心中涌起。

我意识到，我能跟这样一位慈悲而温暖的老人学习佛法和禅修是多么幸运。

当我们迈进寺院大门的时候，方丈邀请我和我的翻译一起分享他的早餐。我和我的翻译一起走进了通常只有僧人和沙弥用餐的餐厅。我清楚地知道几个小时之后我将登上飞机回到美国，这是我们最后的聚会。但是我感到我这种离别之情可能与其他人有差异，因为其他人都确信我们会在另外一生接着相见。

对于佛教徒来说,"爱别离"是一种苦,避免"爱别离"的痛苦需要修行的功夫。

我努力将意念集中在此刻,按照老师的话:努力活在当下。僧人和沙弥与我们在一起吃饭。因为我的翻译和我是女众,所以我们坐在旁边。当所有人围绕着小桌坐在地板上的时候,僧人们开始唱诵一段简短的巴利文佛经,而后每个人都开始安静地吃饭。就如同往常一样,一个持戒女给我们端上了如同往常一样的热粥。僧人和沙弥直接吃他们钵里的食物,但是寺庙里学童的食物则是由持戒女在厨房做好端上来的。方丈的桌子上放着信徒的供养,有橘子、香蕉、鲜花,还有浓稠的牛奶、米饭以及咖喱。

我们两个女人时不时会窃窃私语一下,我注意到方丈在看我们,在他的示意下,通过一个持戒女做中介,两个橘子和其他食物被放到了我们桌上。我的确不饿,但是我正在努力找回禅修期间掉的12磅肉,不知道方丈是否看出了我的心思,他又传递给我另外一份食物——一大杯浓稠的牛奶。我努力想喝完这又浓又甜的牛奶,但我发现这其

冥想者日记　A Meditator's Diary

实是不可能的。最后，我将我的牛奶分享给我的翻译，她喝完了它。

过了一会儿，早课在巴利文佛经的唱诵声中结束了，我的翻译要去医院工作了。

她拥抱了我，温暖地与我道别，提醒我要坚持禅修。方丈仍然坐着，直到我的翻译离开后，方丈向我点了一下头，然后轻轻地站起来也离开了。我深深地跪在地上向他顶礼——我尊敬的老师！突然间，我感到非常孤独。我沿着小径走出了寺庙，回望寺庙，只有那个驼背的老妇正倚在一棵树前咀嚼槟榔，其他人应该都在各自的房间修行。

随后，我回到朋友的家中打包。我问自己为什么非得从寺庙中离开呢？虽然在寺庙禅修的过程中我有过挫折，流过眼泪，但是我经历了这样一段奇妙和舒适的旅程，我的身心变得统一，我能清楚地控制自己的精神和肉体。我真的不想丢掉这样美好的感觉。不过事实上，这种美好的感觉，在我离开泰国之后依然还保持了很长的时间，因为我已经学会在观察日常事务时进行禅修。

很快,我将回到美国,回到我丈夫身边,但我怎么跟他分享我这些天禅修的体验呢?我付出很多的努力才得到了这些心得体会,但我觉得自己很难对这个过程做清楚的表达。打好包,做完了今日的禅修练习,我走到了朋友家的花园里。落日穿透季风云,斜挂在郊外的山头。我停下来观察落日,突然感到今天的落日与众不同,我从来没有看到过这么美丽的落日。当我观察落日的时候,发现自己跟落日似乎完全融为了一体,落日和我一起走动。我对这种美丽并没有刻意的执着,在那一刻,我不带贪欲且超脱地看着这美丽的景象,但思想依然是平静的。我不让自己的主观意识去干扰这样的美景,在那一瞬间,我突然明白为什么一个人应该活在当下,活得超脱。

当晚,在飞机上,我在笔记本里写道:今天,我看到了人生中最特别的一次落日,我没有着染于它,美丽的落日既存在于我之外,也存在于我之内。

我多少理解了"世界并没有主客体之分",这就是老师教给我的"超脱"吗?

冥想者日记　A Meditator's Diary

这是否意味着我也将有能力理解佛教徒常说的那种"无缘大慈，同体大悲"呢？是否这种超脱有助于我们的世界从焦虑、挫折、战争、疾疫中解脱出来呢？

美国离平静的寺庙、安静的僧人很远，但我能否在美国再一次看到像今日一样美丽的落日呢？

第 10 章

归来，冥想的正能量

跟着书本学习会将人变成一个机器，学习禅修最好的方法就是找一个安静的地方自己练习。

—— 保罗·谢伯特《禅修详解》

离开泰国一年了，我依然经常忆起那些穿僧袍的人，忆起寺院闪亮的大殿以及东南亚美丽的落日。我每天都练习禅修，最初，我只是担心如果疏于练习，自己在禅修中得到的愉悦会在某一天消失，而现在我发现禅修不仅能给我带来愉悦，也能够带来内心的平和。

现在，我每天都禅修几次，因为我的内心会经常告诉我："现在，禅修一会儿吧。"我在康奈狄克州的日升日落中度过了一年，这一年，我也去很多地方旅行过。旅途中，我发现自己对外界事物的关注不再着重于外部特点，我对自己的内心也有了更深的理解。现在，我能够更好地应对来自外界的压力、误解、伤害，我感知到自己的头脑变得更加冷静，对外界事物的执着也越来越少。

当然，如同以前一样，我还是经常遇到非常不愉快的情况：很多时候，每每看到政客与商人那残忍、贪婪的嘴脸与伎俩时，我都会感到肌肉紧张、身体发热、血流加快，这些不愉快的信息会使我的身体和精神都不舒服，使我感到痛苦。的确，在现代社会中，所有人都必须承受痛苦和焦虑。每当出现这种情况的时候，我就努力把这些分散我注意力和心性的想法放到一边，然后开始禅修。

冥想者日记　A Meditator's Diary

有一天，当我准备写日记的时候，翻看了一下以前的内容，吃惊地发现有很多人现在经常向我发问的问题都是以前我曾经有过的困惑，这些问题包括：在不可能去亚洲找僧人做老师的情况下，怎么练习禅修？在没有时间、没有地方的情况下怎么练习禅修？禅修有什么价值？在一个快速发展和高度科技化的社会里，禅修真的有用吗？禅修对我的成功有帮助吗？为什么要战胜"我执"，变得"无我"呢？人们活着就是为了努力赚钱吗？内观是不是就是观察自己？

一再有人问这些问题，老实说，很多年前我自己也曾经受到这些问题的困扰。

对于问者，我告诉他们，学习南传佛教的过程并不是一段外在的旅程，而是一段内心的探险。我们可以在任何地方练习禅修。可以在办公室，可以在胶囊公寓，甚至可以在牢房里，或在另外一个星球上练习。当然，在远离亚洲的美国也是完全可以的。

当我回到我在康奈狄克的家中时，我在家里布置了一个佛龛，佛龛里挂了一幅佛像，以便利于禅修。每天下午四点到五点的时候，我都会在佛龛前燃几只香供养佛陀。禅修前的准备工作很重要，我通常会读一点佛教经论让自己平静下来。在禅修的时候，我尽量让自己保持轻松的状态，着装也尽量宽松。

我不去刻意计算自己禅修的时间，估计每次禅修会持续15分钟到一个小时不等，有些时候会更长。通常，在经历过不愉快的事情之后，我发现自己次日的禅修会更加深，更加平静，能够让身心得到彻底释放。

对我来说，地点对禅修而言已经不重要了，我发现我能在家里的每个地方静坐禅修。有一次，浴室非常吸引我，我就在那里进行了一段禅修。而且后来我发现，当我进行禅修的时候，我能在任何情况下很快就变得平静起来。

去年秋天的一个晚上，我在美丽的月夜下经历了一段美妙的历程。那天晚上，我做完家务收拾好厨房，像往常一样带着小狗出去散步。美丽的夜光抚慰着我的灵魂，月夜的银辉洒满了世界，月光从树叶中投射下来，在地面印上美丽的图案。小狗安静地追随在我旁边,被美丽的月夜吸引,我突然感到自己非常想禅修,于是我在一片草地上坐下来,小狗也坐在我身旁。就这样,在美丽的月夜下,在树林里,在岩石旁,在草地上,我进入了一个没有思想,也感知不到时空的状态。当禅修结束时,我睁开我的眼睛,同时发现小狗的眼睛直勾勾地看着我,而月亮已经不在树梢,早升至中天,我身上也披上了厚厚的露水。我不知道我禅修了多长时间,但是在充满露珠的草地上,我感受到了前所未有的幸福。月夜的银辉、露珠、狗,还有我,构成了多么美妙的一幅图景啊。我真切地感受到了从已知世界超脱出来的超然。我相信这个月夜就如同我在泰国看到落日那天一样美好。

把禅修变成日常的行为能够帮助我们进步,但是每个人都必须按照自己的内在需求进行禅修,只有循序渐进才能产生最好的体验。在过去一年里,有好几次我都有冲动想要继续寻找一位禅修老师。在我从泰国回国后的六个月里,我发现这个需求越来越紧迫。我曾经担心在西方南传佛教的禅修老师非常少见,但是令我吃惊的是,我很容易就获知在巴尔的摩地区有一个每次为期十天的禅修营,所以我去了那里。以前出家修行过的一个泰国人是禅修营的主办者。在这个禅修营里,大家每天必须进行六个小时的共修,以及六个小时的个人修习。在禅修营里不准闲聊。这次禅修就像充电器一样给我的生活注满了能量,当我重新回到日常生活中的时候,我发现自己的状态变得更加良好。

我们西方人经常会执着于在练习禅修之前找到一个好老师,我想用这句话来说服有这种想法的人——当一个学生准备要认真学习的时候,老师自然就会出现。令人惊奇的是,我发现有越来越多的禅修中心在西方不断涌现。我认为禅修爱好者的确不应该在没有老师的情况下自行开始禅修,这样做很危险,也几乎不可能成功。

开始禅修的时候,练习者的态度是最重要的,练习者必须愿意每天花时间来坚持禅修。学习禅修就像学习阅读一样,学习阅读必须学习字母表,学习禅修的第一步就是要让自己进入更深程度的安静之中。当禅修成为一个人的习惯的时候,练习就会变得更加容易。禅修并不是让人们做白日梦。恰恰相反,禅修的刻意将让我们能更好控制我们的精神。我发觉禅修能够征服深深的恐惧。

冥想者日记 A Meditator's Diary

我有一些飞行经验,但是一直很难克服自己对飞行的恐惧。有一天,我和我的老公——一个资深飞行员一起乘飞机到纽约,他亲自驾机。当我们接近纽约市区边缘的时候,我发现我们的飞机钻进了厚厚的云雨层中,雷达突然完全失效了,我们的轻型飞机在风雨中颠簸飘摇、忽上忽下,能见度已经变成了零,雨水不停地敲击机翼,我变得非常恐惧。此时,飞机的照明设备也失灵了,我感觉到我的胸、我的胃、我的喉咙、我的肌肉都变得不舒服了,变得紧张。我特别想离开飞机。在此刻,我决定禅修,随着禅修的进行,我的紧张消失得无影无踪,我的心情平静下来,我还开始帮助我的丈夫克服困难。

无论我们阅读了多少关于禅修的著作,都不如我们开始练习收获大。对于上座部佛教的信徒而言,禅修是一个完全可以教授和学习的过程,它能够帮助我们更好地认识自己也认识外界。对于我来说,禅修还意味着可以让我获得平静,让我更好地理解和控制自己潜在的能量。而这种精神能量能够带来巨大的创造力。禅修能够让人们体会到人们的身体和精神能够完美和谐地共同工作,而我们在通常状态下,精神和身体则是分离的,这会给我们带来争斗,带来不安,带来痛苦。

禅修确实可以让我们减少贪嗔痴,当我们的贪嗔痴逐渐熄灭的时候,我们就逐步知道了人生和宇宙的真相。有些人总是纠结于基督教文化和佛教文化的差异,但我要说的是:这些差异并不重要。西方文化和东方文化不同,但是一个并不能取代另一个。正是因为我们具有贪嗔痴,我们才把世界看成分离的状态。为了理解佛教和禅修,从贪嗔痴慢疑中解脱出来很重要,如果我们能够从这些不良的思想中解脱出来,那我们就能知道佛教并不是一种硬思维,它是一种软思维,它能够帮助我们打破西方教育所带来的逻辑框架的制约。